高职高专土建类"411"人才培养模式
综合实务模拟系列教材

工程监理实务模拟

主编　张　敏　林滨滨
主审　郑大为　石立安

中国建筑工业出版社

图书在版编目（CIP）数据

工程监理实务模拟/张敏，林滨滨主编. —北京：中国建筑工
业出版社，2009
（高职高专土建类"411"人才培养模式综合实务模拟
系列教材）
ISBN 978-7-112-10658-5

Ⅰ. 工… Ⅱ. ①张…②林… Ⅲ. 建筑工程-监督管理-高等学校：
技术学校-教学参考资料　Ⅳ. TU712

中国版本图书馆 CIP 数据核字（2009）第 003719 号

本书为高职高专土建类"411"人才培养模式综合实务模拟系列教材
之一。全书分为 7 个项目，主要内容包括：监理规划、监理实施细则、关
键部位关键工序监理、安全监理、监理资料管理、现场监理工作通用业务
指导等。本书可作为高职高专土建类专业综合实训阶段的教学指导用书，
也可供相关专业技术人员参考。

责任编辑：朱首明　李　明
责任设计：赵明霞
责任校对：兰曼利　陈晶晶

高职高专土建类"411"人才培养模式
综合实务模拟系列教材
工程监理实务模拟
主编　张　敏　林滨滨
主审　郑大为　石立安
*
中国建筑工业出版社出版、发行（北京西郊百万庄）
各地新华书店、建筑书店经销
北京千辰公司制版
北京同文印刷有限责任公司印刷
*
开本：850×1168 毫米　1/16　印张：17¼　字数：486 千字
2009 年 6 月第一版　2012 年 12 月第三次印刷
定价：**29.00** 元
ISBN 978-7-112-10658-5
（17591）

编审委员会

序

　　欣闻"411"人才培养模式综合实务模拟系列教材由中国建筑工业出版社正式出版发行，深感振奋。借助全国高职土建类专业指导委员会这一平台，我曾多次与"411"人才培养模式的研究实践人员、该系列教材的编著者有过交流，也曾数次到浙江建设职业技术学院进行过考察，深为该院"411"人才培养模式的研究和实践人员对于高职教育的热情所感动，更对他们在实践过程中的辛勤工作感到由衷的佩服。此系列教材的正式出版是对他们辛勤工作的最大褒奖，更是"411"人才培养模式实践的最新成果。

　　"411"人才培养模式是浙江建设职业技术学院新时期高职人才培养的创举。"411"人才培养模式创造性的开设综合实务模拟教学环节，该教学环节的设置，有效地控制了人才培养的节奏，使整个人才培养更符合能力形成的客观规律，通过综合实务模拟教学环节的设置提升学生发现、解决本专业具有综合性、复杂性问题的能力，以此将学生的单项能力进行有效的联系和迁移，最终形成完善的专业能力体系，为实践打下良好的基础。

　　综合实务模拟系列教材作为综合性实践指导教材，具有鲜明的特色。强调项目贯穿教材。该系列教材编写以一个完整的实际工程项目为基础进行编写，同时将能力项目贯穿于整个教材的编写，所有能力项目和典型工作任务均依托同一工程背景，有利于提高教学的效果和效率，更好的开展能力训练。突出典型工作任务。该系列教材包含《施工图识读综合实务模拟》、《高层建筑专项施工方案综合实务模拟》、《工程资料管理实务模拟》、《施工项目管理实务模拟》、《工程监理实务模拟》、《顶岗实践手册》、《综合实务模拟系列教材配套图集》等七本，突出了建筑工程技术和工程监理专业技术人员工作过程中最典型的工作任务，学生通过这些依据工作过程进行排列的典型工作任务学习，有利于能力的自然迁移，可以较好的形成综合实务能力，解决部分综合性、复杂性的问题。

　　该系列教材的出版不仅反映了浙江建设职业技术学院在建设类"411"人才培养模式研究和实践上的巨大成功，同时该系列教材的正式出版也将极大的推动高职建设类人才培养模式研究的进一步深入。此外该系列教材的出版更是对高职实践教材建设的一次极为有益的尝试，其对高职综合性实践教材建设的必将产生深远影响。

全国高职高专教育土建类专业指导委员会秘书长

土建施工类专业指导分委员会主任委员

杜国城

前　言

本书是浙江建设职业技术学院"411"人才培养模式下工程监理专业综合实务能力训练的核心课程之一，是一门实践性很强的综合实务能力训练课程。随着"411"人才培养模式理论研究的深入，教学实践经验的不断积累，以培养高等技术应用型人才为目标的教学理念的不断明晰，确定把本训练课程放在"411"人才培养模式的第一个"1"中的第一个课程来实施，以期通过该实践性教学环节的强化，帮助学生牢固掌握建设工程监理规范、监理规划、监理实施细则、关键部位关键工序监理与旁站监理的基本知识；掌握工程监理的基本方法和措施，掌握监理规划、监理实施细则编制的方法与技巧；通过实际工程项目的实务模拟训练，帮助学生熟悉监理规划的内容，掌握见证取样、旁站监理技术要点；熟悉工程监理资料的整理方法；使学生的综合实务能力进一步得到提升，为学生顶岗实践做好应用实务操作技术的准备。

本教材意在有针对性地介绍工程监理人员应该具备的实务知识和能力，对建筑工程施工监理要点作了比较详细而具体的介绍，本书除了作为综合实训教材以外，还可以作为具有一定建设工程监理从业工作经历的建设工程技术人员和管理人员的学习工程监理实务知识的参考书。

本教材由浙江建设职业技术学院张敏（高级工程师、国家注册监理工程师）、林滨滨（高级工程师、国家注册监理工程师）共同编著，项目1、2、3、4、5、7由林滨滨编写，项目6由张敏编写，全书由郑大为（高级工程师、国家注册监理工程师）、石立安副教授主审。

本教材在编写过程中，吸收了大量作者和同事在"工学结合，校企合作"中的工作成果和经验，得到了紧密型校外实训基地浙江江南工程建设监理有限公司、浙江工程建设监理有限公司、浙江建效工程监理有限公司、浙江质安建筑监理有限公司以及浙江省建设监理协会等诸多单位和专家的大力支持和帮助，在此一并表示衷心的感谢！

"411"人才培养模式是浙江建设职业技术学院首创的一套建设类高职人才培养模式，在"411"人才培养模式"追求工程真实情境，提升学生顶岗能力"理念的指导下，"工程监理实务模拟"以"工作任务驱动，行动导向为"为指导推出的实务模拟系列教材之一，目前主要方法是侧重与事前预控与事前检查实施方案的预设实务和模拟，配合现场验证来完成整个模拟环节。由于"工学结合，校企合作"实务模拟课程的教学方式和内容正处在不断深化研究之中，因此，它还需要结合教学改革，深化完善研究的新成果，结合建筑行业新技术、新工艺、新材料、新结构的发展，不断地补充、完善，同时，时间比较仓促，编者水平有限，教材中缺点与问题在所难免，恳请读者批评指正。

目　　录

项目 1

工程监理实务和模拟概述

能力要求：在工作情境中学习工程监理实务的基本认识，逐步具备和增强顶岗工作的岗位意识和职责意识。

工程监理实务和实务模拟

　　学习和提高职业能力有很多种方法，一种是在系统性理论学习中学习和提高，一种是在模拟或真实情境中通过工作任务的驱动和体验达到学习和提高能力的目的。后者是在高等职业教育中被人们逐渐认识而采用的"工学结合"的有效方法，并且非常符合大多数职业人接受知识和培养能力的习惯，工学结合因其学以致用的特性，使得人们更愿意参与，能够在不知不觉中取得事半功倍的效果。

　　从学习规律上讲，学习是指从阅读、听讲、研究、实践中获得知识或技能的过程。这一过程只有通过亲身体验才能最终有效地完成。其中"体验"是指人们通过眼、耳、鼻等多种感觉器官或自己身体行为直接感知客观"现象"，并在感知"现象"的过程中，开动思维机器，认识"现象"的本质过程。"体验性学习"的过程就是"体验——认识——再体验——再认识"的过程。本课程主体教学方法以教师创设课堂情境，激发学生的参与热情为主，来提高学生的学习积极性与主动性。在教师创设的情景下，学生通过学习产生联想，从而领悟知识的内涵和作用。教师借助丰富的工程监理专业资料库，预先设定能力项目，在教学的同时要求学生同步阅读大量的相应资料，再根据工程背景资料想像工程实际情景，最后谈出自己的体会，整理出实务内容。让学生在这样的情景中去受到熏陶，使他们如闻其声、如见其形、如临其境，理解实务内容就容易多了。总之，在课内和课外，学生是完成工作任务或实施行动的"主体"，教师始终作为工作任务或行动的"引导者"。教学的目的是尽可能多地给学生体验性学习的机会和时间，采用这样的行动导向方法，久而久之就会培养出学生的基本职业能力、实践能力和创新能力。实务模拟课程就是试图通过体验性方式来进行综合实务能力训练的课程模式。

　　实务的概念是什么？实务就是开展业务活动的具体方式、步骤、技巧等操作性事务的总称。

　　工程监理实务，就是指以监理工程师名义开展业务活动的具体方式、步骤、技巧等操作性事务的总称，也就是专业监理工程师和其他监理人员的在监理过程中的实际事务内容及其操作过程。

　　什么是工程监理实务模拟？工程监理实务模拟是在"411"人才培养模式的条件下，在"追求工程真实情境，提升学生顶岗能力"理念的指导下，在学生掌握了工程监理实务知识与具备专项能力的基础上，在参加顶岗实践之前进行的工程监理实务知识和职业能力的综合仿真模拟训练。

　　工程监理实务模拟不仅能够帮助学生理解岗位工作实务，而且是实现"学生具有职业理念，综合实务能力，进而具备职业能力"的关键环节。

　　本书从监理工程师实务的基本理论出发，对各项监理工程师业务的操作概念、基本程序和应注意的问题进行详细的阐述。在本书的编写中，我们以"兼顾理论概述，突出实践性"为指导原则，重在突出可操作性，重点阐述各项业务操作的步骤、方法、程序、技巧及监理工程师开展各项业务所应当注意的事项，以此为基础针对监理员如何做好本职工作和监理员如何协助监理工程师做好日常配合工作两个问题，展开监理实务的综合模拟训练，培养职业能力和素质。

"工程监理实务模拟"的内容面向监理员的业务活动，目的就是解决学生理论与实践衔接的问题，使学生到岗后可以比较快速地熟悉工程监理环境，缩短适应时间，实行"先交底，后上岗"的教学方式，使学生上岗前通过一系列的围绕实际工程的体验性——综合实务模拟训练，具备基本职业素质，在进入项目监理机构时能够直接融入到实际工作中去，为成为企业紧迫需要的成品型人才做好准备。将人的认识规律与教学规律相结合是体验性学习和实务模拟的重要特点。

建设工程监理行为的概念要点

中国特色的建设工程监理行为可以分为全过程的监理与分阶段的监理。我们主要以《建设工程监理规范》(GB 50319—2000)为主线来熟悉与掌握施工阶段的监理实务。

建设工程监理行为是指监理单位接受业主（项目法人）的委托和授权，根据国家批准的工程项目建设文件，有关工程建设的法律、法规和工程建设监理合同以及其他工程建设合同，对工程建设的质量、工期、资金使用、安全生产过程实施专业化、社会化的监督管理服务活动。建设工程监理涉及监理的行为对象、行为主体、基本条件、行为依据、实施阶段、行为特征等要素。作为监理人员，必须树立有别于施工管理、作为"第三方"的工程管理服务的观念。一般工程建设工程监理行为概念包括如下六个要点：

2.1　行为对象

建设工程监理是针对工程项目建设所实施的一种监督管理专业化服务活动。

2.2　行为主体

建设工程监理的行为主体是监理单位。监理单位要有相应的资质，行为要公正，关系要独立，是建设市场的三大市场主体之一。

2.3　行为基本条件

建设工程监理的实施需要业主的委托和授权，行业性质属于咨询业；业主是推动建设工程监理的动力。

2.4　行为依据

建设工程监理应根据工程项目的立项与批准文件，现行的法律、法规，工程建设的有关合同等依据来展开。（工程建设文件——批准的可行性研究报告、建设项目选址意见书、建设规划许可证、建设工程规划许可证、批准的施工图设计文件、施工许可证等）。

2.5　行为实施阶段

现阶段的建设工程监理主要发生在项目建设的实施（设计与施工）阶段，项目的前期决策立项工作为咨询。

2.6 行为特征

　　建设工程监理是一种微观的监督管理活动；针对具体的工程项目实施具体的合同管理、质量控制、进度控制和投资控制，对建设单位所委托的内容向建设单位负责。

　　《建筑法》第32条规定：建筑工程监理应当依照法律、行政法规及有关的技术标准、设计文件和建筑工程承包合同，对承包单位在施工质量、建设工期和建设资金使用等方面，代表建设单位实施监督。除了建设监理之外，项目管理、总承包管理、造价咨询、招标代理等与建设监理的工作内容或多或少是类似的，但它们不是建设监理，它们所站的角度和建设监理是不同的，工作的重点也不相同。

建设工程监理的行为特点

建设工程监理是一种特殊的工程建设活动，它是工程建设活动日益复杂并进一步分工的结果，它与其他的工程建设行为有明显的区别。建设工程监理具有"服务性、公正性、独立性、科学性"的性质。

3.1 服务性

建设工程监理是在工程项目建设过程中，监理单位利用自身的工程建设方面的知识、技能和经验为客户提供高智能建设管理与监督服务，以满足项目业主对项目管理的需要。监理所获得的报酬也是技术服务性的报酬，是脑力劳动的报酬。它的活动不同于承建商的直接生产活动，也不同于业主的直接投资行为。需要明确指出，建设工程监理是监理单位接受项目业主的委托而开展的技术服务性活动。因此，它的直接服务对象是客户，是委托方，也就是项目业主，这是不容模糊的。这种服务性的活动是按建设工程监理合同来进行的，是受法律约束和保护的。在监理合同中明确地对各种服务工作进行了分类和界定，哪些是"正常服务（工作）"，哪些是"附加服务（工作）"，哪些是"额外服务（工作）"，都可以在合同中约定，因此监理单位没有任何合同责任和义务为它提供直接的工程建设产品的生产。但是，在实现项目总目标上，参与项目建设的三方是一致的，他们要协同完成工程项目。因此，有许多工作需要监理工程师进行协调、指导、纠正，以便使工程能够顺利进行。

建设工程监理的服务性使它与政府对建设工程行政性监督管理活动区别开来，也使它与承建商在工程项目建设中的活动区别开来。

3.2 公正性

在工程项目建设中，监理单位和监理工程师应当担任什么角色和如何担任这些角色是从事工程建设监理工作的人们应当认真对待的重要问题。监理单位和监理工程师在工程建设过程中，一方面应当作为能够严格履行监理合同各项义务，成为能够竭诚地为客户服务的"服务方"，同时，应当成为"公正的第三方"，也就是在提供监理服务的过程中，监理单位和监理工程师应当排除各种干扰，以公正的态度对待委托方和被监理方，特别是当委托方和被监理方发生利益冲突或矛盾时能够以事实为依据，以有关法律、法规和双方所签订的工程建设合同为准绳，站在第三方立场上公正地加以解决和处理，做到"公正地证明、决定或行使自己的处理权"。要求做到在维护建设单位合法权益的同时，也不损害承建单位的合法权益。

对建设工程监理和监理单位公正性的要求，首先是建设监理制对建设工程监理进行约束的条件。因为，实施建设监理制的基本宗旨是建立适合社会主义市场经济的工程建设新秩序，为开展工程建设创造可靠、协调的环境，为投资者和承包商提供公平竞争的条件，建设监理制的实施，使监理单位和监理工程师在工程项目建设中具有重要地位。

一方面，使项目业主或法人可以摆脱具体项目管理的困扰，另一方面，由于得到专业化的监理公司的有力支持，使业主与承建商在业务能力上达到一种平衡。为了保持这种状态，首当其冲的是要对监理单位和其监理工程师制定约束条件，公正性要求就是重要约束条件之一。

公正性还是建设工程监理正常和顺利开展的基本条件。"监理工程师进行目标规划、动态控制、组织协调、合同管理、信息管理等工作都是为力争在预定目标内实现工程项目建设任务这个总目标服务。但是，仅仅依靠监理单位而没有设计、施工、材料和设备供应单位的配合是不能完成这个任务的。监理成败的关键在很大程度上取决于能否与承建单位以及与项目业主进行良好合作、相互支持、互相配合，而这一切都需要以监理能否具有公正性作为基础。

建设工程监理的公正性是承建商的共同要求。由于建设监理制赋予监理单位在项目建设中具有一定的监督管理的权力，被监理方必须接受监理方的监督管理。所以，它们迫切要求监理单位能够办事公道，公正地开展工程建设监理活动。

公正性是监理行业的必然要求，它是社会公认的职业准则，也是监理单位和监理工程师的基本职业道德准则。

3.3 独立性

从事建设工程监理活动的监理单位是直接参与工程项目建设的"三方当事人"之一。监理单位与项目业主、承建商之间的关系是平等的、横向的；在工程项目建设中，监理单位是独立的一方。我国的有关法律、法规明确指出，监理单位应按照独立、自主的原则开展建设工程监理工作。国际咨询工程师联合会（国际上通用为法文缩写 FIDIC）在它的出版物《业主与咨询工程师标准服务协议书条件》中明确指出，监理单位是"作为一个独立的专业公司受聘于业主去履行服务的一方"，应当"根据合同进行工作"，它的监理工程师应当"作为一名独立的专业人员进行工作"。同时，国际咨询工程师联合会要求其会员"相对于承包商、制造商、供应商，必须保持其行为的绝对独立性，不得从他们那里接受任何形式的好处，而使他的决定的公正性受到影响或不利于他行使委托人赋予他的职责"，"不得与任何可能妨碍他作为一个独立的咨询工程师工作的商业活动有关"，"咨询工程师仅为委托人的合法利益行使其职责，他必须以绝对的忠诚履行自己的义务并且忠诚地服务于社会的最高利益以及维护职业荣誉和名望"。因此，监理单位在履行监理合同义务和开展监理活动的过程中，要建立自己的组织，要确定自己的工作准则，"要运用自己掌握的方法和手段，根据自己的判断，独立地开展工作"。监理单位既要认真、勤奋、竭诚地为委托方服务，协助业主实现预定目标，也要按照公平、独立、自主的原则开展监理工作。

建设工程监理的这种独立性是建设监理制的要求，是监理单位在工程项目建设中的第三方地位所决定的，是它所承担的工程建设监理的基本任务所决定的。因此，独立性是监理单位开展工程建设监理工作的重要原则。

3.4 科学性

我国《工程建设监理规定》指出：工程建设监理是一种高智能的技术服务；要求从事建设工程监理活动应当遵循科学的准则。

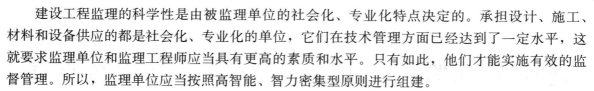

建设工程监理的科学性是由被监理单位的社会化、专业化特点决定的。承担设计、施工、材料和设备供应的都是社会化、专业化的单位，它们在技术管理方面已经达到了一定水平，这就要求监理单位和监理工程师应当具有更高的素质和水平。只有如此，他们才能实施有效的监督管理。所以，监理单位应当按照高智能、智力密集型原则进行组建。

建设工程监理的科学性是由它的技术服务性质决定的，它是专门通过对科学知识的应用来实现其价值的。因此，要求监理单位和监理工程师在开展监理服务时能够提供科学含量高的服务，以创造更大的价值。

建设工程监理的科学性是由工程项目所处的外部环境特点决定的。工程项目总是处于动态的外部环境包围之中，无时无刻都有被干扰的可能。因此，建设工程监理要适应千变万化的项目外部环境，要抵御来自它的干扰，这就要求监理工程师既要富有工程经验，又要具有应变能力，要进行创造性的工作。

建设工程监理的科学性是由它的维护社会公共利益和国家利益的特殊使命决定的。在开展监理活动的过程中，监理工程师要把维护社会最高利益当作自己的天职。这是因为工程项目建设牵涉到国计民生，维系着人民的生命和财产的安全，涉及公众利益。因此，监理单位和监理工程师需要以科学的态度，用科学方法来完成这项工作。按照建设工程监理科学性要求，监理单位应当有足够数量的、业务素质合格的监理工程师，要有一套科学的管理制度，要配备计算机辅助监理的软件和硬件，要掌握先进的监理理论、方法，积累足够的技术、经济资料和数据，要拥有现代化的监理手段。

每个监理人员都应该牢记监理单位所处的地位，时刻把握监理工作的"度"，谨慎而勤奋地开展工作。

监理人员始终要牢记："监理人员应该为了业主的利益谨慎而勤奋地工作"，并提供合同约定的高智能的工程管理服务，令业主满意。这也是监理行业不断发展壮大的基础。

建设工程监理的任务、内容、方法与责任

4.1 建设工程监理的中心任务和内容

（1）建设工程监理的中心任务。建设工程监理的中心任务就是控制工程项目目标，也就是控制经过科学地规划所确定的工程项目的投资、进度、质量和安全目标。这四大目标是相互关联、互相制约的目标系统。

任何工程项目都是在一定的投资额度内和一定的投资限制条件下实现的，任何工程项目的实现都要受到时间的限制，都有明确的项目进度和工期要求；任何工程项目都要实现它的功能要求、使用要求和其他有关的质量标准，同时还要贯彻以人为本方针，保障施工过程的文明和安全，这是投资建设一项工程最基本的需求。没有限制地实现建设项目并不十分困难，而要使工程项目能够在计划的投资、进度、质量和安全目标内实现则是困难的，这就是社会需求建设工程监理的原因。建设工程监理正是为解决这样的困难和满足这种社会需求而出现的。因此，目标控制就是建设工程监理的中心任务。

（2）建设工程监理的内容。建设工程监理的内容是质量控制、进度控制、投资控制、信息管理、合同管理、安全监管与组织协调。简称"三控两管一监管一协调"。

4.2 工程监理的基本方法

工程监理的基本方法是一个大系统，它由不可分割的若干个子系统组成。它们相互联系、互相支持，共同运行，形成一个完整的方法体系。这就是目标规划、动态控制、组织协调、信息管理、合同管理、安全监理。

（1）目标规划。这里所说的目标规划是以实现目标控制为目的的规划和计划，它是围绕工程项目投资、进度质量目标和安全目标进行研究确定、分解综合、安排计划、风险管理、制定措施等各项工作的集合。目标规划是目标控制的基础和前提，只有做好目标规划的各项工作才能有效实施目标控制。目标规划得越好，目标控制的基础就越牢，目标控制的前提条件也就越充分。

目标规划工作包括正确地确定投资、进度、质量、安全目标或对已经初步确定的目标进行论证，按照目标控制的需要将各目标进行分解，使每个目标都形成一个既能分解又能综合地满足控制要求的目标划分系统，以便实施控制，把工程项目实施的过程、目标和活动编制成计划，用动态的计划系统来协调和规范工程项目的实施，为实现预期目标构筑一座桥梁，使项目协调有序地达到预期目标；对计划目标的实现进行风险分析和管理，以便采取有效措施，力保项目目标的实现。

（2）动态控制。动态控制是开展建设工程监理活动时采用的基本方法。动态控制工作贯穿

于工程项目的整个监理过程中。

所谓动态控制，就是在完成工程项目的过程当中，通过对过程、目标和活动的跟踪，全面、及时、准确地掌握工程建设信息，将实际目标值与计划目标值进行对比，如果偏离了计划和标准的要求，就采取措施加以纠正，以便达到计划总目标的实现。这是一个不断循环的过程，直至项目建成交付使用。

（3）组织协调。组织协调与目标控制是密不可分的。协调的目的就是为了实现项目目标。组织协调包括项目监理组织内部人与人、机构与机构之间的协调。组织协调还存在于项目监理组织与外部环境组织之间，其中主要是与项目业主、设计单位、施工单位、材料和设备供应单位，以及与政府有关部门、社会团体、咨询单位、科学研究、工程毗邻单位之间的协调。协调的问题集中在他们的结合部位上，组织协调就是在这些结合部上做好调和、联合和联结的工作，以使大家在实现工程项目总目标上做到步调一致，达到运行一体化。

为了开展好建设工程监理工作，要求项目监理组织内的所有监理人员都能主动地在自己负责的范围内进行协调，并采用科学有效的方法。为了搞好组织协调工作，需要对经常性事项的协调加以程序化，事先确定协调内容、协调方式和具体的协调流程；需要经常通过监理组织系统和项目组织系统，利用责权体系，采取指令等方式进行协调，需要设置专门机构或专人进行协调，需要召开各种类型的会议进行协调。只有这样，项目系统内各子系统、各专业、各工种、各项资源以及时间、空间等方面才能实现有机的配合，使工程项目成为一体化运行的整体。

（4）信息管理。建设工程监理离不开工程信息。在实施监理的过程中，监理工程师要对所需要的信息进行收集、整理、处理、存储、传递、应用等一系列工作，这些工作的总称为信息管理。信息管理对建设工程监理是十分重要的。监理工程师在开展监理工作当中要不断预测或发现问题，要不断地进行规划、决策、执行和检查。而做好每项工作都离不开相应的信息。规划需要规划信息，决策需要决策信息，执行需要执行信息，检查需要检查信息。

项目监理组织的各部门为完成各项监理任务需要哪些信息，完全取决于这些部门实际工作的需要。因此，对信息的要求是与各部门监理任务和工作直接相联系的。不同的项目，由于情况不同，所需要的信息也就有所不同。例如，当采用不同承发包模式或不同的合同方式时，监理需要的信息种类和信息数量也就会发生变化。对于固定总价合同，或许关于进度款和变更通知是主要的；对于成本加酬金合同，则必须有关于人力、设备、材料、管理费用和变更通知等多方面的信息；而对于固定单价合同，完成工程量方面的信息就更重要。

控制与多方面因素发生联系。诸如设计变更、计划改变、进度报告、费用报告、变更通知等都是通过信息传递将它们与控制部门联系起来。监理的控制部门必须随时掌握项目实施过程中的反馈信息，以便在必要时采取纠正措施。例如，当材料供应推迟，设备或管理费用增加，承包单位不能满足规定的工期要求时，都有可能修改工程计划。而修改的工程计划又以变更通知的形式传递给有关方，然后对相关要素采取措施，才能起到控制的作用。可见，控制把工程项目的各个要素联系起来，每个要素必须通过适当的信息流通渠道与控制功能发生联系。

监理工程师进行信息管理的基础工作是设计一个以监理为中心的信息流结构；确定信息目录和编码；建立信息管理制度以及会议制度等。

（5）合同管理。监理单位在建设工程监理过程中的合同管理主要是根据监理合同的要求对工程承包合同的签订、履行、变更和解除进行监督、检查，对合同双方争议进行调解和处理，以保证合同的依法签订和全面履行。合同管理对于监理单位完成监理任务是非常重要的。根据国外经验，合同管理产生的经济效益往往大于技术优化所产生的经济效益。一项工程合同，应当对参与建设项目的各方建设行为起到控制作用，同时具体指导一项工程如何操作完成。所以，从这个意义上讲，合同管理起着控制整个项目实施的作用。例如，按照国际咨询工程师联合会的《土木工程施工合同条件》实施的工程，通过72条194项条款，详细地列出了在项目实施过程中所遇到的各方面的问题，并规定了合同各方在遇到这些问题时的权利和义务，同时还规定了监理工程师在处理各种问题时的权限和职责。在工程实施过程中经常发生的有关设备、材料、开工、停工、延误、变更、风险、索赔、支付、争议、违约等问题，以及财务管理、工程进度管理、工程质量管理诸方面工作，这个合同条件都涉及了。

监理工程师在合同管理中应当着重于以下几个方面的工作：

1）合同分析。它是对合同各类条款进行分门别类的认真研究和解释，并找出合同的缺陷和弱点，以发现和提出需要解决的问题。同时，更为重要的是，对引起合同变化的事件进行分析研究，以便采取相应措施。合同分析对于促进合同各方履行义务和正确行使合同赋予的权力，对于监督工程的实施，对于解决合同争议，对于预防索赔和处理索赔等项工作都是必要的。

2）建立合同目录、编码和档案。合同目录和编码是采用图表方式进行合同管理的很好工具，它为合同管理自动化提供了方便条件，使计算机辅助合同管理成为可能。合同档案的建立可以把合同条款分门别类地加以存放，对于查询、检索合同条款，也为分解和综合合同条款提供了方便。合同资料的管理应当起到为合同管理提供整体性服务的作用，它不仅要起到存放和查找的简单作用，还应当进行高层次的服务，例如，采用科学的方式将有关的合同程序和数据指示出来。

3）合同履行的监督、检查。通过检查发现合同执行中存在的问题，并根据法律、法规和合同的规定加以解决，以提高合同的履约率，使工程项目能够顺利地建成。合同监督还包括经常性地对合同条款进行解释，常念"合同经"，以促使承包方能够严格地按照合同要求实现工程进度、工程质量和费用要求。按合同的有关条款做出工作流程图、质量检查和协调关系图等，可以帮助有效地进行合同监督。合同监督需要经常检查合同双方往来的文件、信函、记录、业主指示等，以确认它们是否符合合同的要求和对合同的影响，以便采取相应对策。根据合同监督、检查所获得的信息进行统计分析，以发现费用金额、履约率、违约原因、纠纷数量、变更情况等问题，向有关监理部门提供情况，为目标控制和信息管理服务。

4）索赔。索赔是合同管理中的重要工作，又是关系合同双方切身利益的问题，同时牵扯监理单位的目标控制工作，是参与项目建设的各方都关注的事情。监理单位应当首先协助业主制定并采取防止索赔的措施，以便最大限度地减少无理索赔的数量和索赔影响量。其次，要处理好索赔事件。对于索赔，监理工程师应当以公正的态度对待，同时按照事先规定的索赔程序做好处理索赔的工作。合同管理直接关系着投资、进度、质量控制，是工程建设监理方法系统中不可分割的组成部分。

（6）安全监理。建设工程安全监理，是指监理单位按照法律、法规和工程建设强制性标准及监理委托合同实施监理，对所监理工程的施工安全生产进行监督检查的管理活动。

监理单位的法定代表人对本单位承担监理的建设工程项目的安全监理工作全面负责；项目总监理工程师对所承担的具体工程项目的安全监理工作负总责；项目其他监理人员在总监理工程师的领导下，按照职责分工，对各自承担的安全监理工作负责。

对大型工程项目，或工程总量不大，但施工安全风险较大的工程项目，监理单位应当在施

工现场建立专门的安全监理机构，配备专职安全监理工程师，实施安全监理。

对中型工程项目，监理单位应当在施工现场配备专职安全监理工程师，实施安全监理。

对小型工程项目，由总监理工程师负责实施安全监理。

根据建设部《关于落实建设工程安全生产监理责任的若干意见》（建市〔2006〕248号）规定，安全监理已明确列入工程监理的工作内容，监理单位应该全面履行法律法规规定的安全监理职责并承担责任。

4.3　监理单位的责任分类

监理单位或监理人员在接受监理任务后应努力向项目业主或法人提供与之水平相适应的服务。相反，如果不能够按照监理委托合同及相应法律开展监理工作，按照有关法律和委托监理合同，委托单位可按监理委托合同对监理单位进行违约金处罚，或对监理单位起诉。如果违反法律，政府主管部门或检察机关可对监理单位及负有责任的监理人员提起诉讼。法律、法规规定的监理单位和监理人员的责任分为建设监理的普通责任和建设监理的违法责任两大类：

（1）建设监理的普通责任（过失或违约）。对于工程项目监理，不按照委托监理合同的约定履行义务，对应当监督检查的项目不检查或不按规定检查，给建设单位造成损失的，应承担相应的赔偿责任（《建筑法》第35条）。这里所说的普通责任只是在建设单位与监理单位之间的责任，当建设单位不追究监理单位的责任时，这种责任也就不存在了。

（2）建设监理的违法责任：

1）与承包单位串通，为承包单位谋取非法利益，给建设单位造成损失的，应当与承包单位承担连带赔偿责任（《建筑法》第35条）。

2）与建设单位或建筑施工企业串通，弄虚作假，降低工程质量的，责令改正、处以罚款、降低资质等级、吊销资质证书；有违法所得的予以没收；造成损失的，承担连带赔偿责任（《建筑法》第69条）。

3）监理单位经营责任——转让监理业务等（擅自开业，超越范围，故意损害甲、乙方利益，造成重大事故），责令改正，没收违法所得；停业整顿、降低资质等级；吊销资质证书（《建筑法》第69条、原建设部737号文件第30条）。

4）监理单位的安全监理责任。《建设工程安全生产管理条例》第14条规定："工程监理单位应当审查施工组织设计中的安全技术措施或者专项施工方案是否符合工程建设强制性标准。"

可见，监理单位审查施工组织设计的依据是强制性标准，但这是底线，如果合同对于安全技术措施或者专项施工方案另有约定且不违反强制性标准，就要以合同约定为依据了。

《建设工程安全生产管理条例》第14条规定："工程监理单位在实施监理过程中，发现存在安全事故隐患的，应当要求施工单位整改；情况严重的，应当要求施工单位暂时停止施工，并及时报告建设单位。施工单位拒不整改或者不停止施工的，工程监理单位应当及时向有关主管部门报告。"

《建设工程安全生产管理条例》第14条对工程监理单位的法律后果作出规定："工程监理单位和监理工程师应当按照法律、法规和工程建设强制性标准实施监理，并对建设工程安全生产承担监理责任。"

总之，建设监理单位的违法责任在于监理单位的行为只要违反了现行的法律、法规，负责执法的有关主管部门就可以运用其强制力对违法行为按《建设工程安全生产管理条例》第 57 条和第 58 条处理。

《建设工程安全生产管理条例》第 57 条规定：违反本条例的规定，工程监理单位有下列行为之一的，责令限期改正；逾期未改正的，责令停业整顿，并处 10 万元以上 30 万元以下的罚款；情节严重的，降低资质等级，直至吊销资质证书；造成重大安全事故，构成犯罪的，对直接责任人员，依照刑法有关规定追究刑事责任；造成损失的，依法承担赔偿责任：

（一）未对施工组织设计中的安全技术措施或者专项施工方案进行审查的；

（二）发现安全事故隐患未及时要求施工单位整改或者暂时停止施工的；

（三）施工单位拒不整改或者不停止施工，未及时向有关主管部门报告的；

（四）未依照法律、法规和工程建设强制性标准实施监理的。

以上是监理安全责任的主要法律依据所在，监理单位在监理过程中的安全责任重大，无法回避。

《建设工程安全生产管理条例》第 58 条规定："注册执业人员未执行法律、法规和工程建设强制性标准的，责令停止执业 3 个月以上 1 年以下；情节严重的，吊销执业资格证书，5 年内不予注册；造成重大安全事故的，终身不予注册；构成犯罪的，依照刑法有关规定追究刑事责任。"

建设工程监理制及工程建设各方的关系

建设监理制与业主责任制的关系非常密切，主要可以归纳为三个方面：

（1）建设监理制与业主责任制，两者的目的都是为了提高投资效益和社会效益，两者从不同的角度，针对不同的问题，对工程建设项目管理体制进行的改革。

（2）业主责任制是建设监理制的必要条件。

（3）建设监理制是落实业主责任制的必要保证。

工程建设各方主体存在着如下的关系：

5.1 工程质量安全监督机构与监理单位的关系

（1）工程质量安全监督机构与监理单位的关系是一种纵向的监督与被监督单位之间的关系。

（2）工程质量安全监督机构对监理单位的行为依法进行定期或不定期的监督检查与考核。

（3）工程质量安全监督机构对监理单位的违法行为有权提请建设行政主管部门给予行政处罚。

5.2 监理单位与业主的关系

（1）两者是平等的主体关系。

（2）两者是委托与被委托的关系，是授权与被授权的关系。

（3）两者是合同关系。

5.3 监理单位与承包商的关系

（1）平等的主体关系。

（2）监理与被监理的关系。

建设工程监理实施程序

从监理单位角度，建设工程监理实施程序如下：

（1）确定项目总监理工程师，成立项目监理机构。

监理单位应根据建设工程的规模、性质、业主对监理的要求，委派称职的人员担任项目总监理工程师。总监理工程师是一个建设工程监理工作的总负责人，他对内向监理单位负责，对外向业主负责。

总监理工程师在组建项目监理机构时，应根据监理大纲内容和签订的委托监理合同内容组建，并在监理规划和具体实施计划执行中进行及时的调整。

（2）编制建设工程监理规划。

（3）制定各专业监理实施细则。

（4）规范化地开展监理工作。

监理工作的规范化体现在：①工作的时序性；②职责分工的严密性；③工作目标的确定性。

（5）参与验收，签署建设工程监理意见。

建设工程施工完成以后，监理单位应在正式验交前组织竣工预验收，并应参加业主组织的工程竣工验收，签署监理单位意见。

（6）向业主提交建设工程索赔档案资料。

监理单位向业主提交的监理档案资料应在委托监理合同文件中约定。

（7）监理工作总结。

项目监理机构应及时从两方面进行监理工作总结：①向业主提交的监理工作总结；②向监理单位提交的监理工作总结。其中向业主提交的监理工作总结应该在竣工验收会议前提交给业主。

在具体工作中，建设工程监理实施程序又可以分解为多个工作程序，下面列出单位工程验收基本程序见图1-1，工程质量控制程序见图1-2，帮助大家初步了解一下监理工作的实施步骤。

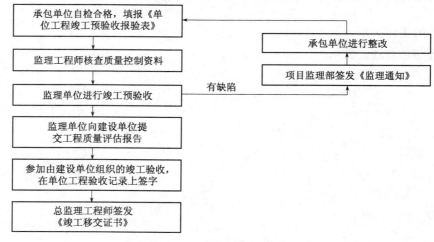

图 1-1　单位工程验收基本程序

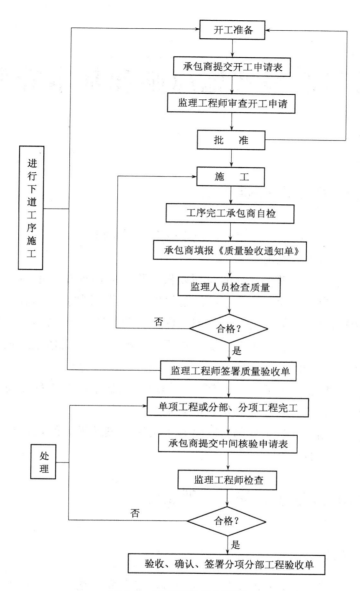

图 1-2　工程质量控制程序

建设工程监理实施原则和基本管理制度

7.1 建设工程监理实施原则

监理工程师开展建设工程监理过程应该遵守以下五项原则：

（1）公正、独立、自主的原则。

（2）权责一致的原则。监理工程师的监理职权，除了应体现在业主与监理单位之间签订的委托监理合同之中，还应作为业主与承建单位之间建设工程合同的合同条件。

（3）总监理工程师负责制的原则。总监理工程师负责制的内涵包括：1）总监理工程师是工程监理的责任主体，是向业主和监理单位所负责任的承担者。2）总监理工程师是工程监理的权力主体，全面领导建设工程的监理工作。

（4）严格监理、热情服务的原则。监理工程师应对承建单位在工程建设中的建设行为进行严格的监理。监理工程师还应为业主提供热情的服务。

（5）综合效益的原则。监理工程师应既对业主负责，谋求最大的经济效益，又要对国家和社会负责，取得最佳的综合效益。

7.2 建设工程项目监理部基本管理制度

7.2.1 监理会议制度

根据《建设工程监理规范》（GB 50319—2000），结合实际情况，制定本制度，监理项目均按本制度实行。监理会议主要包括第一次工地会议和工地例会。

1. 第一次工地会议

工程项目开工前，项目部应提醒业主主持召开第一次工地会议，所有监理人员均应参加。第一次工地会议的主要内容有：

（1）建设单位、承包单位和监理单位分别介绍各自驻现场的组织机构、人员及其分工。

（2）建设单位根据委托监理合同宣布对总监理工程师的授权。

（3）建设单位介绍施工准备情况。

（4）承包单位介绍施工准备情况。

（5）建设单位和总监理工程师对施工准备情况提出意见和要求。

（6）总监理工程师介绍监理规划的主要内容。

（7）研究确定各方在施工过程中参加工地例会的主要人员，召开例会周期、地点及主要议题。

2. 工地例会

在施工过程中，总监理工程师应定期主持召开工地例会。会议纪要应由项目监理机构负责起草，并经与会各方代表会签。

工地例会的主要内容有：

（1）检查上次例会议定事项的落实情况，分析未完成事项原因。

（2）检查分析工程项目进度计划完成情况，提出下一阶段进度目标及落实措施。

（3）检查分析工程项目质量状况，针对存在的质量问题提出改进措施。

（4）检查工程量核定及工程款支付情况。

（5）解决需要协调的有关事项。

（6）其他有关事宜。

7.3　监理日记制度

监理日记是一项非常重要的监理资料，项目监理组必须认真、详细、如实、及时地予以记录。记录前应对当天的施工情况、监理工作情况进行汇总、整理，做到书写清楚、版面整齐、条理分明、内容全面。监理单位根据监理日记的性质、作用和多年的经验总结，对监理日记的记录方式作如下要求，请各项目监理组遵照执行。

监理日记的记录方式：

1. 施工活动情况

（1）施工部位、内容：关键线路上的工作、重要部位或节点的工作以及项目监理组认为需要记录的其他工作。

（2）工、料、机动态。

工：现场主要工种的作业人员数量（比如钢筋工、木工、瓦工、架子工等），项目部主要管理人员（项目经理、施工员、质量员、安全员等）的到位情况。

料：当天主要材料（包括构配件）的进退场情况。

机：指施工现场主要机械设备的数量及其运行情况（是否存在故障及故障的排除时间等），主要机械设备的进退场情况。

2. 监理活动情况

（1）巡视：巡视时间或次数，根据实际情况有选择地记录巡视中重要情况。

（2）验收：验收的部位、内容、结果及验收人。

（3）见证：见证的内容、时间及见证人。

（4）旁站：内容、部位、旁站人及旁站记录的编号。

（5）平行检验：部位、内容、检验人及平行检验记录编号。

（6）工程计量：完成工程量的计量工作、变更联系内容的计量（需要的）。

（7）审核、审批情况：有关方案、检验批（分项、工序等）、原材料、进度计划等的审核、审批情况（记录有关审核、审批单的编号即可）。

3. 存在的问题及处理方法

一天来，通过一系列的监理工作，在工程的质量、进度、投资控制和安全监理等方面发现了什么问题，针对这些问题监理组是如何处理的，处理结果怎样，应做好详细的记录。对一些重大的质量、安全事故的处理应按规定的程序进行，并按规定记录、保存、整理有关的资料，日记中的记录应言简意赅。

4. 其他

（1）监理指令（监理通知、备忘录、整改通知、变更通知等）。

（2）会议及会议纪要情况。

（3）往来函件情况。

（4）安全工作情况。

（5）合理化建议情况。

（6）建设各方领导部门或建设行政主管部门的检查情况。

5. 值班记录

当天值班的监理人员签名。

7.4 施工阶段监理资料管理制度

建设工程监理资料是项目监理组对工程项目实施监理过程中直接形成的，是工程建设过程真实、全面的反映；建设工程监理资料的管理水平反映了工程项目监理组的管理水平、人员素质和监理工作的质量。依据《建设工程监理规范》、《建设工程质量管理条例》及各地政府颁发的建设工程监理管理条例和其他有关监理工作的规定，对监理资料的收集、整理、归档作如下要求：

1. 施工阶段监理资料的内容

（1）施工合同文件及委托监理合同。

（2）勘察设计文件。

（3）监理规划。

（4）监理实施细则。

（5）分包单位资格报审表。

（6）设计交底与图纸会审纪要。

（7）施工组织设计（方案）报审表。

（8）工程开工/复工报审表及工程停工令。

（9）测量核验资料。

（10）工程进度计划。

（11）工程材料、构配件、设备的质量证明文件。

（12）检查试验资料。

（13）工程变更资料。

（14）隐蔽工程验收资料。

（15）工程计量单和工程款支付证书。

（16）监理工程师通知单。

（17）监理工作联系单。

（18）报验申请表。

（19）会议纪要。

（20）往来函件。

（21）监理日记。

（22）监理月报。

（23）质量缺陷与事故的处理文件。

（24）分部工程、单位工程等验收资料。

（25）索赔文件资料。

（26）竣工结算审核意见书。

（27）工程项目施工阶段质量评估报告等专题报告。

（28）监理工作总结。

2. 归档的监理资料内容

（1）委托监理合同。

（2）监理规划、监理细则。

（3）监理日记。

（4）监理月报。

（5）监理指令文件（监理工程师通知单、监理工程师通知回复单、备忘录、工程停工令、工程开工/复工报审表等）。

（6）与业主、被监理单位、设计单位往来函件、文件。

（7）会议纪要。

（8）工程计量单、工程款支付证书、竣工结算审核意见书。

（9）施工组织设计、施工方案审核签证资料。

（10）监理总结报告、工程质量评估报告。

（11）工程质量安全事故调查处理文件。

（12）工程验收资料（分部工程验收记录、单位工程竣工验收记录、单位工程质量控制资料核查记录、单位工程安全和功能检验资料核查及主要功能抽查记录、单位工程观感质量检查记录、单位工程竣工报验单、竣工验收报告、工程质量保修书等方面的资料）。

（13）分包单位资格报审资料。

（14）索赔文件资料。

（15）报验申请表（原材料/构配件/设备、检验批、分项、定位放样、沉降观察、施工试验等）。

（16）工程变更单。

（17）监理工作联系单。

（18）总监理工程师巡视检查记录。

（19）旁站记录。

（20）工程进度资料。

（21）主要的监理台账。

实 训 课 题

实训1. 绘制建设工程监理实施程序框图。

实训 2. 通过本项目的学习，列出监理基本知识要点。

实训 3. 谈谈对监理职业的基本理解。

复习思考题

1. 什么是工程监理实务和实务模拟？

2. "411" 人才培养模式的理念是什么？

3. 建设工程监理概念要点有哪些？

4. 建设工程监理的性质是什么？

5. 建设工程监理的中心任务和基本方法分别是什么？

6. 法律法规规定的监理单位和监理人员的责任有哪些？

7. 监理单位与工程建设各方是怎么样的关系？

8. 建设工程监理实施的原则是什么？

项目 2

监理规划

能力要求： 通过学习，具备顶岗工作的岗位职责意识和协同工作理念，能在总监理工程师和专业监理工程师的指导下积极参与并完成监理规划的编制，且内容系统规范。

监理规划概述

1.1 建设工程监理工作文件的构成

建设工程监理工作文件包括监理大纲、监理规划和监理实施细则。监理规划是建设工程监理工作文件的重要组成部分之一。

（1）监理大纲。监理大纲有以下两个作用。

一是使业主认可监理大纲中的监理方案，从而承揽到监理业务；

二是为项目监理机构今后开展监理工作制定基本的方案（另外，监理大纲还是监理规划的编写依据）。

监理大纲应该包括如下主要内容：

1）拟派往项目监理机构的监理人员情况介绍。

2）拟采用的监理方案，包括项目监理机构的方案、三大目标的具体控制方案、合同的管理方案、组织协调的方案等。

3）将提供给业主的监理阶段性文件。

（2）监理规划（详见本单元以下内容）。

（3）监理实施细则。

监理实施细则是由专业监理工程师针对建设工程中某一专业或某一方面监理工作编写，并经总监理工程师批准实施的操作性文件，其作用是指导本专业或本子项目具体监理业务的开展。

（4）三者之间的关系。

三者之间存在着明显的依据性关系：

在编写监理规划时，一定要严格根据监理大纲的有关内容来编写；在制定监理实施细则时，一定要在监理规划的指导下进行。

1.2 建设工程监理规划的作用

（1）指导项目监理机构全面开展监理工作；

（2）是建设监理主管机构对监理单位监督管理的依据；

（3）是业主确认监理单位履行合同的主要依据；

（4）是监理单位内部考核的依据和重要的存档资料。

1.3 建设工程监理规划编写的依据

（1）工程建设方面的法律、法规。工程建设方面的法律、法规具体包括三个层次：1）国家颁布的工程建设有关的法律、法规和政策；2）工程所在地或所属部门颁布的工程建设相关的法律、法规、规定和政策；3）工程建设的各种标准、规范。

（2）政府批准的工程建设文件，包括政府建设主管部门批准的可行性研究报告、立项批文以及政府规划部门确定的规划条件、土地使用条件、环境保护要求、市政管理规定等。

（3）建设工程监理合同。

（4）其他建设工程合同。

（5）监理大纲。

1.4 建设工程监理规划编写的要求

（1）基本构成内容应当力求统一。

监理规划基本构成内容的确定，应考虑整个建设监理制度对建设工程监理的内容要求和监理规划的基本作用。

（2）具体内容应具有针对性。

每一个监理规划都是针对某一个具体建设工程的监理工作计划，都必然有它自己的投资目标、进度目标、质量目标，有它自己的项目组织形式和项目监理机构，有它自己的目标控制措施、方法和手段以及信息管理制度和合同管理措施。

（3）监理规划应当遵循建设工程的运行规律。

监理规划要随着建设工程的展开不断地补充、修改和完善，为此需要不断收集大量的编写信息。

（4）项目总监理工程师是监理规划编写的主持人。

监理规划应当在项目总监理工程师主持下编写制定，要充分调动整个项目监理机构中专业监理工程师的积极性，要广泛征求各专业监理工程师的意见和建议，应当充分听取业主的意见，还应当按照本单位的要求进行编写。

（5）监理规划一般要分阶段编写。

监理规划编写阶段可按工程实施的各阶段来划分，例如可划分为设计阶段、施工招标阶段和施工阶段。监理规划的编写还要留出必要的审查和修改的时间。

（6）监理规划的表达方式应当格式化、标准化。

为了使监理规划显得更明确、更简洁、更直观，可以用图、表和简单的文字说明编制监理规划，从而体现格式化、标准化的要求。

（7）监理规划应该经过审核。

监理单位的技术主管部门是内部审核单位，其技术负责人应当签认。

监理规划由项目总监理工程师组织编制，并经监理单位技术负责人审核批准，用以指导项目监理部全面开展监理业务的指导性文件。建设工程监理规划是在建设工程监理合同签订后制定的指导监理工作开展的纲领性文件，它起着对建设工程监理工作全面规划和进行监督指导的重要作用。由于它是在明确监理委托关系以及确定项目总监理工程师以后，在更详细掌握有关资料的基础上编制的，所以，其包括的内容与深度比建设工程《监理大纲》更为详细和具体。

建设工程监理规划应在项目总监理工程师的主持下，根据工程项目建设监理合同和业主的要求，在充分收集和详细分析研究工程建设监理项目有关资料的基础上，结合监理单位的具体条件编制。

建设工程监理单位在与业主进行工程项目建设监理委托谈判期间，就应确定项目建设监理的总监理工程师人选，并应参加与项目建设监理合同的谈判工作，在工程项目建设监理合同签订以后，项目总监理工程师应组织人员详细研究建设监理合同内容和工程项目建设条件，主持编制项目的监理规划。建设工程监理规划应将监理合同规定的监理单位承担的责任及监理任务具体化，并在此基础上制定实施监理的具体措施。编制的建设工程监理规划，是编制建设监理细则的依据，是科学、有序地开展工程项目建设监理工作的基础。

建设工程监理是一项系统工程，即是一项"工程"，就要进行事前的系统策划和设计。监理规划就是进行此项工程的"初步设计"。各专业监理的实施细则则是此项工程的"施工图设计"。

1.5 工程项目监理规划的编制程序

总监理工程师应在签订委托监理合同及收到施工合同、设计文件后及时组织完成工程项目监理规划的编制，经监理单位技术负责人审核批准，在监理交底会前报送建设单位。最长时间不应超过一个月。

（1）监理规划的内容应有针对性，做到控制目标明确、控制措施有效、工作程序合理、工作制度健全、职责分工清楚，对监理实施工作有指导作用。

（2）监理规划应有时效性，在项目实施过程中，视情况变化宜做必要的调整。在调整时应由总监理工程师组织监理工程师研究修改，按原报审程序经过批准后报建设单位。

1.6 监理规划一般包括下列主要内容

监理规划按照建设工程监理规范的要求可以细化为标准格式，监理规划至少包括以下主要内容：

（1）工程项目概况。

1）工程项目特征（工程项目名称、建设地点、建设规模、工程类型、工程特点等）；

2）工程项目建设实施相关单位名录（建设单位、设计单位、总承包单位等）。

（2）监理工作范围与监理工作依据。

（3）监理工作目标，包括工期目标、工程造价控制目标和质量等级目标。

（4）监理工作内容：

1）工程进度控制（如工期控制目标的分解、进度控制程序、进度控制要点和控制进度风险的措施等）；

2）工程质量控制（如质量控制目标的分解、质量控制程序、质量控制要点和控制质量风险的措施等）；

3）工程造价控制（如造价控制目标的分解，造价控制程序和控制造价风险的措施等）；

4）合同其他事项管理（如设计变更、工程洽商、索赔管理的管理要点，管理程序，以及合同争议的协调方法等）。

（5）项目监理组织机构：

1）组织形式、职能部门设置和人员构成；

2）职能部门的职责分工；

3）监理人员的职责分工；

4）监理人员进场计划安排。

（6）监理工作方法、程序及措施。

（7）监理工作制度：

1）信息和资料管理制度；

2）监理会议制度；

3）工地工作报告制度；

4）其他监理工作制度。

（8）监理设施。

工程概况

2.1 工程概况编制要点

（1）工程环境。工程所在的区域位置，周边道路与四邻单位，工程占地面积，场区拆迁情况，施工现场道路、水、电、通信等情况，场区仓储设施及材料存放场地情况等。

（2）工程地质水文条件。根据场区工程地质、水文地质勘察报告给出的场区地形、地貌情况，地层土质概况，地下水概况，土层的物理、力学指标、承载力标准值，压缩模量值，场地与地基的抗震条件评价，工程地质勘察结论和地基与基础设计的建议，对地基进行加固处理的建议等。

（3）建筑设计。如建筑物只一栋或栋数不多，可用文字说明每栋建筑物的名称，使用功能，平面布置，底层面积，建筑面积，地下层数（有无人防、人防级别、用途），地上层数，檐高，楼层高度，电梯设置，建筑物耐火等级，是否为节能建筑，室内地面相对标高（±0.000）相当的绝对高程，室内外高差，门窗形式，屋面做法，厕、浴间防水做法，外墙保温做法等。

（4）结构设计。地基基础形式，埋深，持力土层的类别及承载力标准值，地基处理的形式及要求，主体结构形式，抗震设防烈度及构件的抗震等级，阳台、楼梯构造，钢筋混凝土结构的混凝土强度等级和抗渗等级，钢筋级别，砌体结构所用砌体种类及强度等级，砌筑砂浆强度等级，楼板及屋面板形式，大跨度构件的说明等。

（5）室内外装饰装修。室外墙面装修做法及室内不同功能房间、不同部位的装修做法，可采取列表方式。

（6）建筑屋面。基层、找平层、保温层、防水层、隔离层、细部构造等。

（7）建筑给水排水及采暖。室内给水系统、室内排水系统、室内热水供应系统、卫生器具安装、室内采暖系统、建筑中水系统及游泳池系统、供热锅炉及辅助设备安装等。

（8）建筑电气。变配电室、供电干线、电气动力、电气照明安装、备用和不间断电源安装、防雷及接地安装等。

（9）智能建筑。通信网络系统、办公自动化系统、建筑设备监控系统、火灾报警及消防联动系统、安全防范系统、综合布线系统、智能化集成系统、电源与接地、环境、住宅（小区）智能化系统。

（10）通风与空调。送排风系统、防排烟系统、除尘系统、空调风系统、净化空调系统、制冷设备系统、空调水系统等。

（11）电梯。民用建筑和工业建筑中如涉及电梯安装工程，在编写"工程概况"时，应将此分部内容纳入。

（12）室外工程。室外给水管网、排水管网、供热管网，室外电气，小区道路，绿化，建筑小品等。

（13）其他。

2.2 工程项目特征

（1）工程基本情况见表 2-1。

工程基本情况表　　　　　　　　　　　　　　　　　　表 2-1

工程名称				
工程地点				
工程性质				
建设单位				
勘察单位				
设计单位				
承包单位				
质监单位				
开工日期		竣工日期		工期天数	
质量目标		合同价款		承包方式	

		工 程 项 目 一 览 表				
单位工程名称	建筑面积（m^2）结构类型	地上/地下层数	檐高（m）	总高（m）	设备安装	工程造价（元）

（2）工程项目相关单位见表 2-2

工程项目相关单位表　　　　　　　　　　　　　　　　表 2-2

相关单位	名　　　　　　称
建设单位	
设计单位	
监理单位	
承包单位	
分包单位	

监理工作依据

　　建设工程的相关法律、法规及项目审批文件；与建设工程项目有关的标准、设计文件、技术资料；监理大纲、委托监理合同文件以及与工程建设项目相关的合同文件。施工监理的主要依据是：

　　（1）国家和地方有关工程建设的法律、法规；

　　（2）国家和地方有关工程建设的技术标准、规范和规程等；

　　（3）经有关部门批准的工程项目文件和设计文件；

　　（4）建设单位和监理单位签订的建设工程委托监理合同；

　　（5）建设单位与承包单位签订的建设工程施工合同。

监理工作范围和目标

（1）监理范围及工作内容。

1）监理工作范围。熟悉施工图纸，并将发现的问题汇总，书面提交建设单位转设计单位；参加设计交底。审核承包单位提交的施工组织设计及施工方案，提出审核意见，并监督其执行；审查并确认施工总承包单位选择的分包单位；监督承包单位严格按照施工图及有关文件，并遵照国家及当地政府发布的政策、法令、法规、规范、规程、标准及管理程序施工，控制工程质量；监督承包单位按照施工合同和承包单位编制的工程进度计划施工，控制工程进度；审查主要建筑材料、构配件与主要设备的订货，审核其质量、性能是否满足设计要求及有关规范、现行政策、法令的规定；审核及会签工程变更文件；组织对工程质量问题的处理；调解建设单位与承包单位之间的争议；定期主持召开监理工作会议，检查工程进展情况，协调各方之间的关系，处理需要解决的问题；每月编制监理月报，向建设单位及有关部门汇报工程进展和监理工作情况；认定工程质量与进度，签署工程款付款凭证；审查工程造价及竣工结算；监督施工现场安全防护、消防、文明施工及环保卫生情况，并提出改进意见；组织工程阶段性验收及竣工预验收；提出工程质量评估报告；参加工程竣工验收；进行项目监理工作总结并向建设单位提交；督促竣工档案的编制与移交；保修阶段的监理工作（按监理合同约定，可根据工程项目具体情况进行改写）。

2）监理工作内容。

施工准备阶段的监理：参与设计交底；审核施工组织设计（施工方案）；查验施工测量放线成果；第一次工地会议；施工监理交底；检查开工条件；

施工阶段的监理：工程进度控制；工程质量控制；工程造价控制；施工合同其他事项的管理；监理资料的管理。

3）工程保修期的监理。工程进入保修期，监理单位定期回访；设置专人检查承包单位在保修书规定的内容和范围内缺陷修复的质量；对建设单位反映的工程缺陷原因及责任进行调查和确认，并协助进行处理；做好保修期监理工作的记录。

（2）监理工作目标。

1）造价目标。以建设单位与承包单位签订的建设工程施工合同及其变更、协议为投资控制依据，按建设主管部门颁发的工程概（预）算定额和国家及地方有关经济法规和规定正确地审核工程结算。

2）质量目标。工程质量必须符合法律法规以及设计图纸和施工质量验收规范，并达到建设单位和承包单位签订的施工合同约定的工程质量标准。

3）进度目标。满足工程施工合同约定的工期要求。

4）安全目标。安全质量必须符合国家法律法规以及设计图纸和建筑施工现场安全标准的要求。

项目监理部的组织机构与人员配备

（1）项目监理部组织框图见图 2-1。

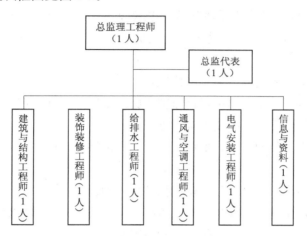

图 2-1 项目监理部组织框图

（2）项目监理部机构人员情况表见表 2-3。

项目监理部机构人员表 表 2-3

序 号	姓 名	职 务	性 别	职 称	专 业	备 注
1	×××	总监理工程师	男	高级工程师	工民建	国家注册监理工程师
2	×××	总监理工程师代表	男	工程师	工民建	省注册监理工程师
3	×××	专业监理工程师	男	工程师	工民建	省注册监理工程师
4	×××	专业监理工程师	男	工程师	工民建	省注册监理工程师
5	×××	专业监理工程师	男	工程师	电气（强弱电）	省注册监理工程师
6	×××	专业监理工程师	男	工程师	给排水	省注册监理工程师
7	×××	专业监理工程师	男	工程师	通风与空调	省注册监理工程师
8	×××	专业造价工程师	男	工程师	造价与信息	国家注册造价工程师

（3）监理人员进场计划安排。

监理人员的进场时间根据工程进度情况有计划地安排。

监理人员的职责分工

（1）总监理工程师的职责。

项目总监理工程师是监理单位派往项目的全权负责人，全面负责和领导项目的监理工作。总监理工程师对内向监理单位负责，对外向业主负责，是工程监理的最终责任者，其主要职责如下：

1）确定项目监理机构人员的分工和岗位职责；

2）主持编写项目监理规划、审批项目监理实施细则，并负责管理监理机构的日常工作；

3）审查分包单位的资质，并提出审查意见；

4）检查和监督监理人员的工作，根据工程项目的进展情况可进行人员调配，对不称职的人员应调换其工作；

5）主持监理工作会议，签发项目监理机构的文件和指令；

6）审定承包单位提交的开工报告、施工组织设计、技术方案、进度计划；

7）审核签署承包单位的申请、支付证书和竣工结算；

8）审查和处理工程变更；

9）主持或参与工程质量事故的调查；

10）调解建设单位与承包单位的合同争议、处理索赔、审批工程延期；

11）组织编写并签发监理月报、监理工作阶段报告、专题报告和项目监理工作总结；

12）审核签认分部工程和单位工程的质量检验评定资料，审查承包单位的竣工申请，组织监理人员对待验收的工程项目进行质量检查，参与工程项目的竣工验收；

13）主持整理工程项目的监理资料。

（2）总监理工程师代表职责。

1）负责总监理工程师指定或交办的监理工作；

2）按总监理工程师的授权，行使总监理工程师的部分职责和权力。

总监理工程师不得将下列工作委托总监理工程师代表：

1）主持编写项目监理规划、审批项目监理实施细则；

2）发工程开工/复工报审表、工程暂停令、工程款支付证书、工程竣工报验单；

3）审核签认竣工结算；

4）调解建设单位与承包单位的合同争议、处理索赔，审批工程延期；

5）根据工程项目的进展情况进行监理人员的调配，调换不称职的监理人员。

（3）专业监理工程师的职责。

专业监理工程师，一般是取得监理工程师资格且具有一定工作经验的工程技术、经济管理中级职称以上人员。按专业可分为土建、水暖、通风空调、电气、工程管理（含进度控制）、工程预算等专业工程师。他们在项目总监理工程师的统一领导下，协助总监理工程师或总监理工程师代表完成本专业监理的有关工作，其专业监理工程师主要职责如下：

1）负责编制本专业的监理实施细则；

2）负责本专业监理工作的具体实施；

3）组织、指导、检查和监督本专业监理员的工作，当人员需要调整时，向总监理工程师提出建议；

4）审查承包单位提交的涉及本专业的计划、方案、申请、变更，并向总监理工程师提出报告；

5）负责本专业分项工程验收及隐蔽工程验收；

6）定期向总监理工程师提交本专业监理工作实施情况报告，对重大问题及时向总监理工程师汇报和请示；

7）根据本专业监理工作实施情况做好监理日记；

8）负责本专业监理资料的收集、汇总及整理，参与编写监理月报；

9）核查进场材料、设备、构配件的原始凭证、检测报告等质量证明文件及其质量情况，根据实际情况认为有必要时对进场材料、设备、构配件进行平行检验，合格时予以签认；

10）负责本专业的工程计量工作；审核工程计量的数据和原始凭证。

（4）监理员的职责。

监理员是指专业监理工程师手下的具体工作人员，是监理实务的直接作业者，一般可按专业或主要工种配备，其主要职责如下：

1）在专业监理工程师的指导下开展现场监理工作；

2）检查承包单位投入工程项目的人力、材料、主要设备及其使用、运行状况，并做好检查记录；

3）复核或从施工现场直接获取工程计量的有关数据并签署原始凭证；

4）按设计图及有关标准，对承包单位的工艺过程或施工工序进行检查和记录，对加工制作及工序施工质量检查结果进行记录；

5）担任旁站工作，发现问题及时指出并向专业监理工程师报告；

6）做好监理日记和有关的监理记录。

监理工作程序

监理工作程序,又称为监理工作流程,基本监理工作程序见图2-2、图2-3、图2-4、图2-5、图2-6、图2-7。详细的监理程序一般不在监理规划中出现,而是编入监理实施细则之中。

(1) 监理工作总程序(图2-2)。

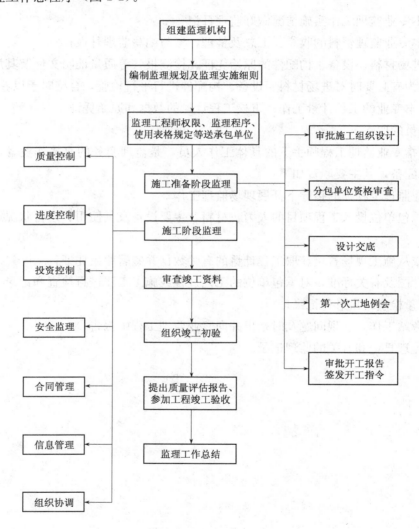

图 2-2　监理工作总程序

(2) 工程质量控制程序(图2-3)。

(3) 工程进度控制程序(图2-4)。

(4) 工程投资控制程序(图2-5)。

(5) 工程质量事故处理流程(图2-6)。

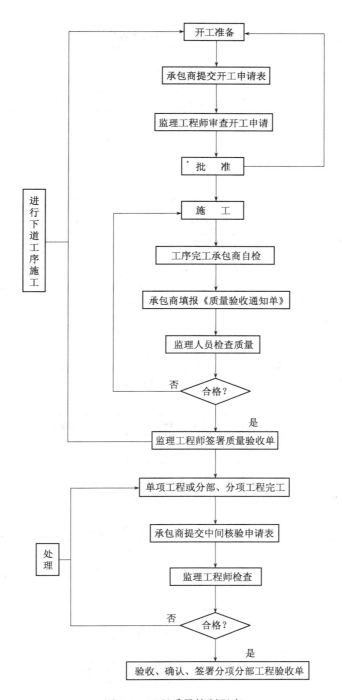

图 2-3 工程质量控制程序

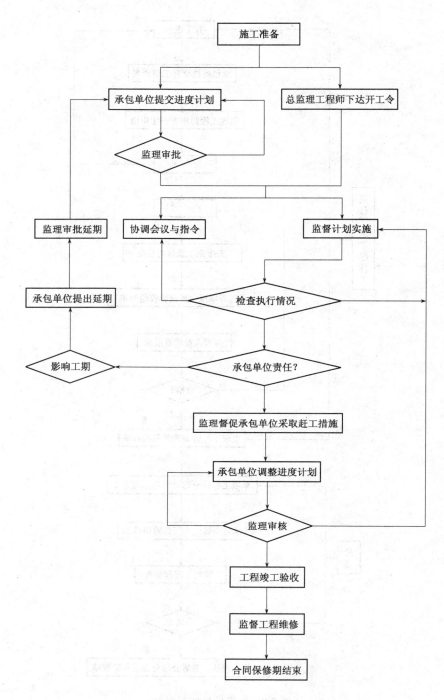

图 2-4　工程进度控制程序

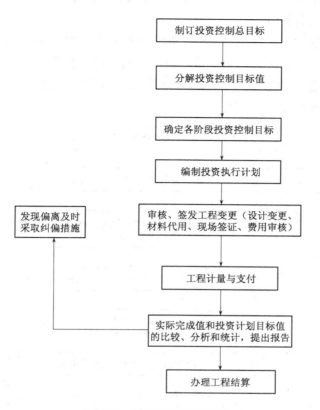

图 2-5　工程投资控制程序

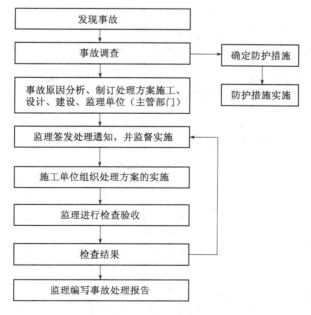

图 2-6　工程质量事故处理流程

行为主体：承包商、监理方、业主、设计单位、建设行政主管部门；

工作时间：质量事故发生后监理方和施工方应及时予以处理，如属重大的质量事故应在 12 小时内上报建设行政主管部门；

工作标准：作为监理方应协调组织施工单位及有关部门做好事故的调查工作并如实做好事故情况记录、原因分析；解决措施制定后，监理人员应严格检查施工单位的落实和整改结果，直至达到要求；事后监理组应编写质量事故处理报告，向建设单位和有关部门汇报。

（6）单位工程竣工验收程序（图 2-7）。

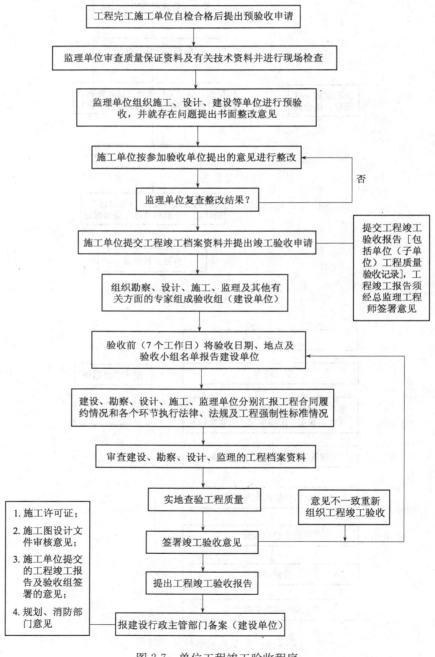

图 2-7　单位工程竣工验收程序

监理工作方法与措施

工程项目的建设监理工作方法与措施应重点围绕投资控制、质量控制、进度控制、安全目标选定。

8.1 投资控制

1. 投资目标分解

（1）按基本建设投资的费用组成与分解。

（2）按年度、季度（月度）分解。

（3）按项目实施的阶段分解：

1）施工阶段投资分解；

2）动用前准备阶段投资分解。

2. 投资使用计划

投资使用计划可列表编制见表 2-4。

投资使用计划表　　　　　　　　　　　表 2-4

工程名称	××年度				××年度				××年度				总 额
	一	二	三	四	一	二	三	四	一	二	三	四	

3. 投资控制的工作流程与措施

（1）工作流程图。

（2）投资控制的具体措施：

1）投资控制的组织措施；建立健全组织，完善职责分工及有关制度，落实投资控制的责任。

2）投资控制的技术措施。

在设计阶段，推选限额设计和优化设计；

招标投标供应阶段，合理确定标底及合同价；

材料设备供应阶段，通过质量价格比选，合理开支施工措施费以及按合理工期组织施工，避免不必要的赶工费。

3）投资控制的经济措施。除及时进行计划费用与实际开支费用的比较分析外，监理人员对原设计或施工方案提出合理化建议被采用由此产生的投资节约，可按监理合同规定予以其一定的奖励。

4）投资控制的合同措施。按合同条款支付工资，防止过早、过量的现金支付；全面履约，减少对方提出索赔的条件和机会；正确处理索赔等。

4. 投资目标的风险分析

5. 投资控制的动态比较

(1) 投资目标分解值与项目概算值的比较。

(2) 项目概算值与施工预算值的比较。

(3) 施工图预算值（合同价）与实际投资的比较。

6. 投资控制表格

8.2　进度控制

1. 项目总进度计划

2. 总进度目标的分解

(1) 年度、季度（月度）进度目标。

(2) 各阶段进度目标：

1) 设计准备阶段进度分解；

2) 设计阶段进度分解；

3) 施工阶段进度分解；

4) 动用前准备阶段进度分解。

(3) 各子项目的进度目标。

3. 进度控制的工作流程与措施

(1) 工作流程图。

(2) 进度控制的具体措施：

1) 进度控制的组织措施。落实进度控制责任，建立进度控制协调制度。

2) 进度控制的技术措施。建立多级网络计划和施工作业计划体系；增加同时作业施工面；采用高效能的施工机械设备；采用施工新工艺、新技术，缩短工艺过程间的技术间歇时间。

3) 进度控制的经济措施。对工期提前者实行奖励，对应急工程实行较高的计件单价，确保资金的及时供应等。

4) 进度控制的合同措施。按合同要求及时协调有关各方的进度，以确保项目形象进度。

4. 进度目标实现的风险分析

5. 进度控制的动态比较

(1) 进度目标分解值与项目进度实际值的比较；

(2) 项目进度目标值预测分析。

6. 进度控制表格

8.3　质量控制

1. 质量控制目标描述

(1) 材料质量控制目标。

(2) 设备质量控制目标。

(3) 土建施工质量控制目标。

（4）设备安装质量控制目标。

（5）其他说明。

2. 质量控制的工作流程与措施

（1）工作流程图。

（2）质量控制的具体措施。

1）质量控制的组织措施。建立健全监理组织，完善职责分工及有关质量监督制度，落实质量控制的责任。

2）质量控制的技术措施。

设计阶段，协助设计单位开展优化设计和完善设计质量保证体系；

材料设备供应阶段，通过质量价格比选，正确选择生产供应厂家，并协助其完善质量保证体系；施工阶段，严格事前、事中和事后的质量控制措施。

3）质量控制的经济及合同措施。严格质检和验收，不符合合同规定质量要求的拒付工程款；达到质量优良者，支付质量补偿金或奖金等。

3. 质量目标实现的风险分析

4. 质量控制状况的动态分析

5. 质量控制表格

8.4 安全监理

1. 安全监理目标描述

（1）人的安全监理目标；

（2）物的安全监理目标；

（3）危险源监理的其他说明。

2. 安全监理的工作流程与措施

（1）工作流程图；

（2）安全监理的具体措施：

1）安全监理控制的组织措施，建立健全监理组织，完善职责分工及有关安全监理制度，落实安全监理的责任；

2）安全监理技术措施，施工阶段，严格事前、事中和事后的安全监理措施；

3）安全监理控制的经济及合同措施，严格安全监理验收，不符合合同规定安全监理要求的拒付工程安全措施费用。

3. 安全监理目标实现的风险分析

4. 安全监理控制状况的动态分析

5. 安全监理控制表格

8.5 合同管理

1. 合同结构

合同结构可以以合同结构图的形式表示。合同目录一览表见表2-5。

合同目录一览表 表 2-5

序　号	合同编号	合同名称	承包商	合同价	合同工期	质量要求

2. 合同管理的工作流程与措施

（1）工作流程图。

（2）合同管理的具体措施。

3. 合同执行状况的动态分析

4. 合同争议调解与索赔程序

5. 合同管理表格

8.6　信息管理

1. 信息流程图见图 2-8。

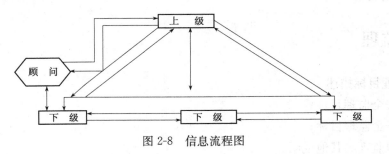

图 2-8　信息流程图

2. 信息分类表见表 2-6。

信息分类表 表 2-6

序　号	信息类别	信息名称	信息管理要求	责　任　人

3. 信息管理的工作流程与措施

4. 信息管理表格

8.7　组织协调

1. 与工程项目有关的单位协调

（1）项目协调内的单位主要有工程业主、设计单位、施工单位、材料和设备供应单位、资金提供单位等。

（2）项目系统外相关单位协调重点的分析。

2. 协调分析

（1）项目系统内相关单位协调重点的分析；

（2）项目系统外相关单位协调重点的分析。

3. 协调工作程序

（1）投资控制协调程序；

（2）进度控制协调程序；

（3）质量控制协调程序；

（4）其他方面协调程序。

4. 协调工作表格

项目监理工作制度

工程监理实施阶段不同的监理实施过程有不同的监理工作制度，施工招标阶段和施工阶段的监理工作制度有：

9.1 施工招标阶段

(1) 招标准备工作有关制度。
(2) 编制招标文件有关制度。
(3) 标底编制及审核制度。
(4) 合同条件拟订及审核制度。
(5) 组织招标实务有关制度等。

9.2 施工阶段

(1) 施工图纸会审及设计交底制度。
(2) 施工组织设计审核制度。
(3) 工程开工申请制度。
(4) 工程材料、半成品质量检验制度。
(5) 隐蔽工程分项（部）工程质量验收制度。
(6) 技术复核制度。
(7) 单位工程、单项工程中间验收制度。
(8) 技术经济签证制度。
(9) 设计变更处理制度。
(10) 现场协调会及会议纪要签发制度。
(11) 施工备忘录签发制度。
(12) 施工现场紧急情况处理制度。
(13) 工程款支付签审制度。
(14) 工程索赔签审制度等。

9.3 项目监理组织内部工作制度

(1) 监理组织工作会议制度。
(2) 对外行文审批制度。
(3) 建立健全工作日志制度。

（4）监理周报、月报制度。

（5）技术、经济资料及档案管理制度。

（6）监理费用预算制度等。

监 理 设 施

　　建设单位应提供委托监理合同约定的满足监理工作需要的办公、交通、通信、生活设施。项目监理机构应根据工程项目类别、规模、技术复杂程度、工程项目所在地的环境条件，按委托监理合同的约定，配备满足监理工作需要的常规检测设备和工具。一般以满足工程监理的需要为标准来配备。可以参考表 2-7。

监理设施表　　　　　　　　　　　　表 2-7

序号	仪器、设备名称	规格型号	数量	使用情况	投入时间	备　注
1	激光经纬仪	ET02	1	正常	随时调用	
2	水准仪	DS20	1	正常	放在现场	
3	全站仪	NTS-202	1	正常	随时调用	
4	钢卷尺	50m	1	正常	放在现场	
5	游标卡尺		1	正常	放在现场	
6	便携式钢卷尺	3m、5m	10	正常	放在现场	
7	工程质量检测仪器		1套	正常	放在现场	
8	消防检测箱		1套	正常	随时调用	
9	空调测风仪		1	正常	随时调用	
10	接地电阻表		1	正常	随时调用	
11	万用表		1	正常	随时调用	
12	回弹仪	HT225A	1	正常	随时调用	
13	坍落度筒		1	正常	放在现场	
14	混凝土试模		2	正常	放在现场	
15	环刀密实度仪		2	正常	随时调用	
16	温度计		5	正常	放在现场	
17	电脑	联想	1套	正常	放在现场	
18	照相机	奥林巴斯	1	正常	放在现场	
19	摄像机	索尼	1	正常	随时调用	
20	文件柜		1套	正常	放在现场	
21	小轿车		1辆	正常	随时调用	

监理规划应编写注意事项

11.1　施工阶段建设工程监理规划的规范格式

监理企业应该按照建设工程监理规范的内容编写监理规划，这是最基本的内容，不得缺少。施工阶段建设工程监理规划通常包括以下内容：

（1）建设工程概况。包括：建设工程名称、地点、工程组成及建筑规模、主要建筑结构类型、预计工程投资总额、计划工期、工程质量要求，设计单位及施工单位名称、项目结构图与编码系统。其中预计工程投资总额可以按建设工程投资总额和建设工程投资组成简表编列；建设工程计划工期以建设工程的计划持续时间或以开、竣工的具体日历时间表示。

（2）监理工作范围。监理工作范围是指监理单位所承担的监理任务的工程范围。

（3）监理工作内容。监理工作内容可按建设工程的阶段编写，各阶段具体的监理工作内容见教材。

（4）监理工作目标。通常以建设工程的投资、进度、质量三大目标的控制值来表示。

（5）监理工作依据。包括工程建设方面的法律、法规、政府批准的工程建设文件、建设工程监理合同、其他建设工程合同。

（6）项目监理机构的组织形式。项目监理机构的组织形式应根据建设工程监理要求选择，用组织结构图表示。

（7）项目监理机构的人员配备计划。监理机构的人员配备应根据建设工程监理的进程合理安排。

（8）项目监理机构的人员岗位职责。

（9）监理工作程序可对不同的监理工作内容分别制定监理工作程序。

（10）监理工作方法及措施。建设工程监理控制目标的方法与措施应重点围绕投资控制、进度控制、质量控制这三大控制任务展开。三大目标控制的共同内容有：风险分析、工作流程与措施、动态比较（或分析）、控制表格；合同管理与信息管理的共同内容是分类、工作流程与措施以及有关表格。

投资控制要按建设工程的投资费用组成，按年度、季度，按建设工程实施阶段，按建设工程组成分解投资目标并编制投资使用计划。进度控制还要编制建设工程总进度计划并将总进度目标分解为年度、季度进度目标，各阶段的进度目标和各子项目进度目标。质量控制要对设计质量、材料质量，设备质量、土建施工质量、设备安装质量等的控制目标进行描述。合同管理要用图的形式表示合同结构，明确对合同执行状况的动态分析，制定合同争议调解与索赔处理程序。管理要明确机构内部的信息流程，组织协调主要是明确需要协调的有关单位和协调工作程序。

（11）监理工作制度。应对施工招标阶段和施工阶段的经常性工作制定相应的制度并制定项目监理机构内部工作制度。

（12）监理设施。应明确规定由业主提供的满足监理工作需要的设施以及由监理单位配备的满足监理工作需要的常规检测设备和工具。

11.2　监理规划审核的关键

监理规划审核，首先应该审核监理规划是否按建设工程监理规范规定内容编写，这是最基本的内容，不得缺少。其次是审核监理规划的格式与编写审批意见和手续是否符合要求。

实　训　课　题

实训课题 1. 模拟情境，编制针对性监理规划 1～2 部分，编制文档模块。
实训课题 2. 模拟情境，编制针对性监理规划 3～4 部分，编制文档模块。
实训课题 3. 模拟情境，编制针对性监理规划 5～6 部分，编制文档模块。
实训课题 4. 模拟情境，编制针对性监理规划 7～8 部分，编制文档模块。
实训课题 5. 模拟情境，编制针对性监理规划 9～10 部分，编制文档模块。
实训课题 6. 模拟情境，编制针对性监理规划 11～12 部分，编制文档模块。
实训课题 7. 模拟情境，工程项目监理规划组合集成，编目成为电子文稿。

复习思考题

1. 监理规划的编制与审批程序分别是什么？
2. 监理规划的编制原则和要求是什么？
3. 建设工程监理规划的基本内容是什么？
4. 监理工作目标、工作依据是什么？
5. 编制工程监理规划的方法有哪些？
6. 监理设施应该包含什么内容？

项目 3

监理实施细则

能力要求： 监理实施细则是模拟实训的重点，通过模拟实训，可更加增强顶岗工作的岗位职责意识和协同工作理念，能在专业监理工程师的指导下积极参与并完成土建工程各分部监理实施细则的编制，内容系统规范，符合监理业务准备实际需要，并能够通过监理实施细则理解和应用方面的专业测试，能力水平评价达到及格以上水平。

监理实施细则概述

1.1 监理实施细则的内容

《建设工程监理规范》(GB 50319—2000) 对监理实施细则的定义是：根据监理规划，由专业监理工程师编写，并经总监理工程师批准，针对工程项目中某一专业或某一方面监理工作的操作性文件。

监理实施细则的编制程序与依据应符合下列规定：

(1) 监理实施细则应在相应工程施工开始前编制完成，并必须经总监理工程师批准；

(2) 监理实施细则应由专业监理工程师编制；

(3) 编制监理实施细则的依据：已批准的监理规划；与专业工程相关的标准、设计文件和技术资料；施工组织设计。

监理实施细则应包括下列主要内容：

(1) 专业工程的特点；

(2) 监理工作的流程；

(3) 监理工作的控制要点及目标值；

(4) 监理工作的方法及措施。

单独编写分部工程监理实施细则时，还应该在专业工程的特点之前增加介绍工程概况的内容。

1.2 监理实施细则编制

《建设工程监理规范》(GB 50319—2000) 第 4.2.1 条："对中型及以上或专业性较强的工程项目，项目监理机构应编制监理实施细则。监理实施细则应符合监理规划的要求，并结合工程项目的专业特点，做到详细具体，具有可操作性。"然而在目前监理行业中，有不少监理人员不知道监理实施细则该如何编写，有的监理细则所叙述的都是施工技术，有的竟然是各类验收规范、标准的大杂烩，有的是照搬照抄其他工程的细则，不管有用没用，拿来就用，根本毫无针对性可言，不能真正起到监理实施细则的作用。事实上要写好监理实施细则，必须明确以下几个方面：

1. 明确监理实施细则的概念

监理实施细则是在工程项目监理规划的基础上，根据监理规划的要求，由项目监理机构中的专业监理工程师针对所分管的具体监理任务，结合项目具体情况和掌握的工程信息，制定具体指导监理业务实施的文件，它与项目监理规划的关系可以比作施工图纸与初步设计的关系。

其内容主要包括工程概况或特点、监理依据、监理目标及分解、控制点和针对性措施及技术资料等。

2. 明确监理实施细则的作用

（1）对业主（建设单位）的作用：监理实施细则编制的好坏，直接反映了监理项目机构的业务水平。当业主拿到一份切合工程实际的监理实施细则，通过对其中具体、全面、周到的措施叙述，能使业主在很大程度上消除对监理人员素质的质疑，从而取得业主对监理在工作中的信任和支持。

（2）对监理人员的作用：

1）监理实施细则的编写需要较强的针对性，因此通过监理实施细则的编写，可以增加监理人员对工程情况的认识，熟悉施工图纸，掌握工程特点；

2）监理实施细则中所列的控制内容和措施，可指导现场监理人员及时了解监理细则中规定的控制点和相应的检查方法、质量通病和预控措施，能使监理人员在工作过程中有的放矢，有利于有效实施工程质量控制。

（3）对施工单位的作用：

1）通过监理实施细则，能有效地提示施工单位对工程中可能出现的质量通病，并对通病采取积极的预防手段，以避免和减少不必要的损失，而从监理角度来看，则实现了事前预控的目的；

2）通过监理实施细则中控制点及监理人员具体工作的交待，使施工单位除了清楚强制性标准要求的内容之外，还能提示有哪些工序和部位要求监理人员必须到位，从而能在控制点施工时及时通知监理方，避免由于事前交底不清而引发的纠纷，同时也起到了监理事中控制的作用。

3. 监理实施细则的编制

（1）监理实施细则的编制程序和依据。监理实施细则应在相应分部工程施工开始前编制完成，并经总监理工程师批准；监理实施细则应由专业监理工程师负责编制；监理实施细则应以已批准的监理规划、施工组织设计及专业工程相关的标准、设计文件和技术资料为依据。

（2）监理实施细则编制的内容：

1）对本分部工程的质量要求。在监理实施细则中，首先要明确对本分部工程监理工作的流程，同时还应明确该分部工程所要达到的质量要求，并应注明质量标准所采用的依据。

2）工程施工中可能出现的质量通病。作为有丰富经验的专业监理工程师，应该十分清楚该分部工程所采用的施工工艺可能导致的质量问题（通病），在监理实施细则中，应当把他详细的罗列出来。

3）监理控制点的设置。根据对工程质量通病的分析，具体写明在哪里应设置控制点，在哪里设置旁站点。监理应根据不同的工程特点，不同施工人员的不同技术水平和素质设置不同的控制点。因此，当监理把监理实施细则提供给施工单位时，实际上等于事先告诉施工单位，在哪里需要监理见证检查，在哪里监理需要旁站检验；同时也通知了施工单位，在那些工序到来前，应通知监理。

4）监理质量控制手段。在监理实施细则中，应当详细、具体、明确地叙述工程质量通病的预防措施和对工程控制点的检查手段。从专项施工方案的审核到检验批质量的检查验收，从原材料进场报验到施工现场试块（件）的见证取样，明确告诉施工单位，监理将通过怎样的程序和手段对工程进行监督，对可能出现的问题，采用什么样的处理措施。同时还应明确工程难点、重点部位监理如何进行质量检查、控制和监督。从而有效地指导监理人员对那些点到来之时应做何种检查和验收，进而可以避免由于工程繁杂而遗忘某些内容，确保监理工作到位。在监理工作实施过程中，监理实施细则还应根据实际情况进行补充、修改和完善（按《建设工程监理规范》(GB 50319—2000) 第 4.2.4 条要求）。由于专业监理工程师的自身水平与经验限制，考虑问题不一定很周到，对可能出现的问题会认识不足或考虑不全，监理实施细则还应该由监理公司组织一批有丰富经验的工程师，在对同类工程进行共同探讨的基础上，交由负责本工程的专业监理工程师整理编写，以加强对本工程实际情况的了解，使监理实施细则的编制更加切合工程实际。

在监理工作实施过程中，监理实施细则往往是根据实际情况进行补充、修改和完善。其中的详细确定控制流程是监理实施细则的关键，监理实施细则主要内容见以下给出的土建工程监理细则实例。

土建工程监理实施细则要点

土建监理实施细则一般可以按工程概况、目标和依据，监理工作控制流程与要点、监理工作的方法及措施几个部分由专业监理工程师来编写，下面是程序基本内容要点，可以作为编写的基本脉络来对待，也是必须把握的工作要点。

土建分部分项工程监理实施细则基本样式如下：

土建监理实施细则

（封面）

编   制：专业监理工程师（手签）

批   准：总监理工程师（手签）

××建设工程监理公司

编制日期   2×××年××月××日

目　　录

一、工程概况

（1）工程名称：

（2）工程地点：

（3）建设单位：

（4）设计单位：

（5）承包单位：

（6）工程计划开工、竣工日期：

（7）合同约定质量等级：合格

（8）工程项目规模：

楼　型	建筑面积（m²）	结构形式	层　数	檐高（m）	总高（m）	合同价款（万元）
主楼群楼	5439.29m²	框架	六层			500

二、工程目标

（1）工期目标：2006年10月1日～2007年7月1日。

（2）质量目标：合格。

（3）投资目标：投资控制约500万元。

（4）安全目标：杜绝重大人身伤亡事故。

三、编制依据

（1）建筑工程委托监理合同；

（2）设计图纸及技术文件；

（3）建筑工程监理规范GB 50319—2000；

（4）本工程监理规划；

（5）本工程施工组织设计；

（6）国家现行的建筑施工质量验收规范、标准和行业标准：

《建筑工程施工质量验收统一标准》GB 50300—2001

《建筑工程施工质量评价标准》GB/T 50375—2001

《地基与基础工程施工质量验收规范》GB 50202—2002

《地下防水工程质量验收规范》GB 50208—2002

《砌体工程施工质量验收规范》GB 50203—2002

《混凝土结构工程施工质量验收规范》GB 50204—2002

《屋面工程质量验收规范》GB 50207—2002

《建筑地面工程施工质量验收规范》GB 50209—2002

《建筑装饰装修工程质量验收规范》GB 50210—2001

《建筑施工安全检查评分标准》JGJ 59—1999

《建筑施工高处作业安全技术规范》JGJ 80—1991

《建筑机械使用安全技术规程》JGJ 33—2001

《施工现场临时用电安全技术规程》JGJ 46—2005

《钢筋焊接及验收规范》JGJ 18—2003

以及其他规范和标准。

四、监理工作控制流程与要点

1. 地基及基础工程控制流程与要点（见图 3-1）

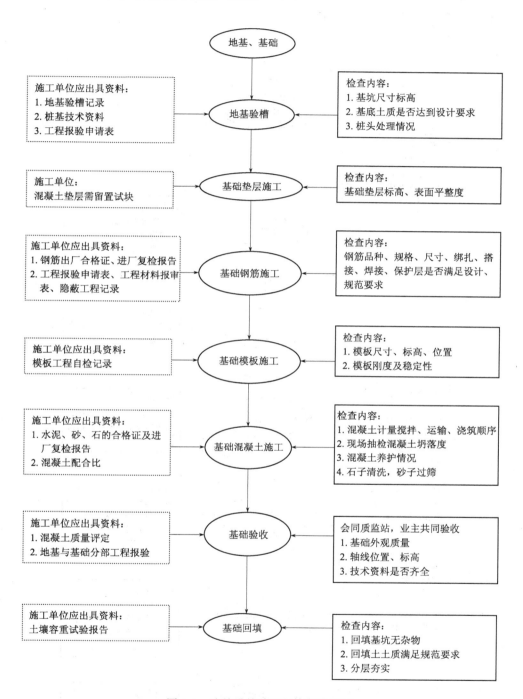

图 3-1 地基及基础工程控制流程图

2. 混凝土工程控制流程与要点（见图 3-2）

3. 砌体工程控制流程与要点（见图 3-3）

4. 屋面工程控制流程与要点（见图 3-4）

5. 门窗工程控制流程与要点（见图 3-5）

6. 装饰装修工程控制流程与要点（见图 3-6）

7. 地面工程控制流程与要点（见图 3-7）

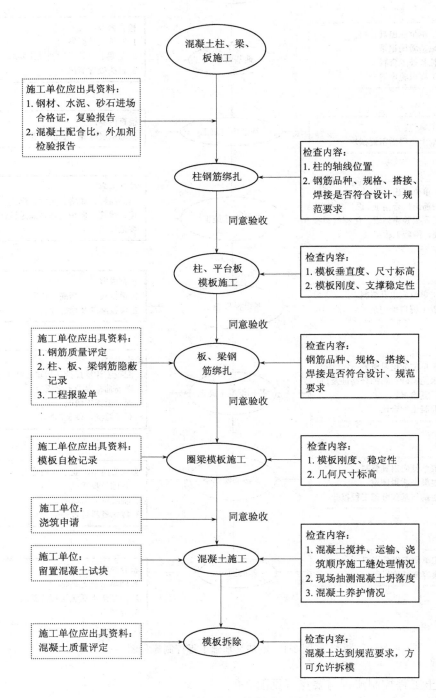

图 3-2 混凝土工程控制流程图

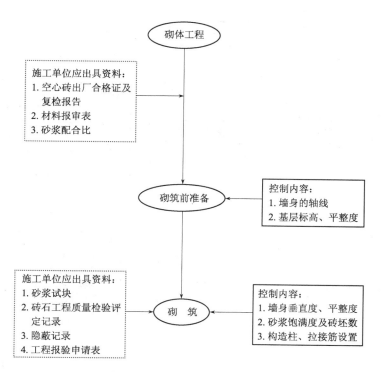

图 3-3　砌体工程控制流程图

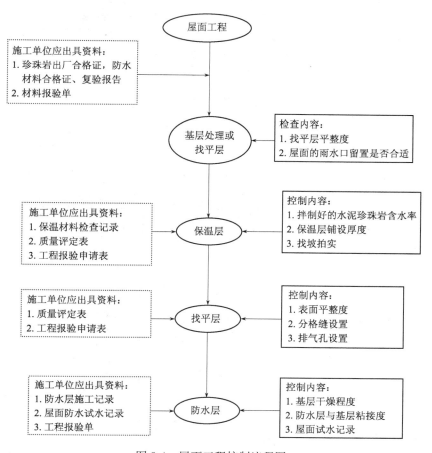

图 3-4　屋面工程控制流程图

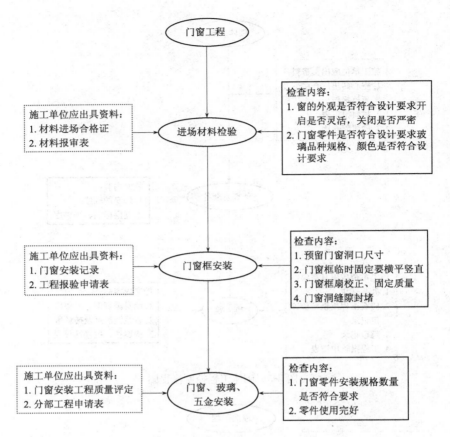

图 3-5　门窗工程控制流程图

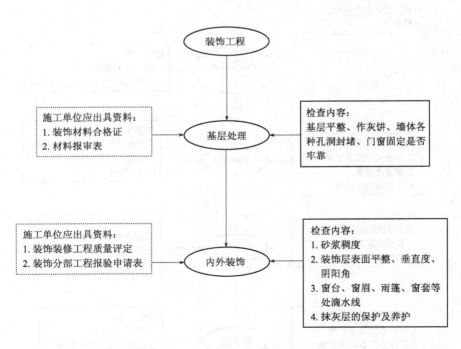

图 3-6　装饰装修工程控制流程图

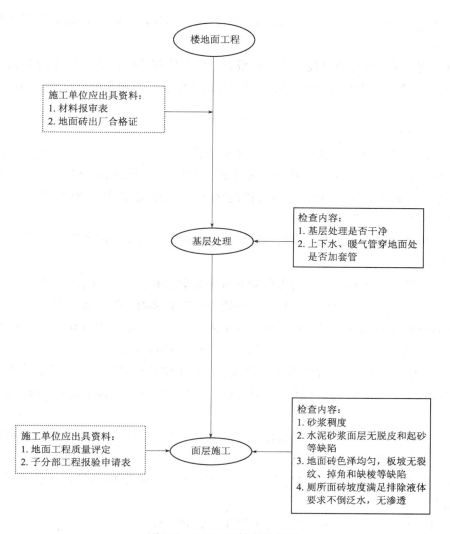

图 3-7 地面工程控制流程图

五、监理工作的方法及措施

1. 监理工作方法

（1）督促检查施工单位质保体系及安全技术措施，完善管理程序与制度。

（2）参加设计交底，检查施工图是否满足施工要求。

（3）审查施工单位的施工组织设计，重点对施工方案、劳动力、材料、机械设备的组织及保证工程质量、安全、工期和控制造价方面的措施进行督促。

（4）对所有的隐蔽工程在隐蔽前进行检查，重点部位跟踪监理。

（5）检查工程材料、构件质量，检查试验化验报告单；出厂合格证是否合格齐全；禁止不合格材料、构配件进入工地和投入使用。

（6）监督施工单位认真处理施工中的一般质量事故，并认真做好监理记录；对大、重大质量事故及其他紧急情况，应及时报告总监理工程师，并通知建设单位。

（7）监督施工单位按合同规定的工期组织施工，如发生延误，应及时分析原因并采取措施。

（8）审核施工单位申报的总体、月施工计划，按月向建设单位报告施工计划执行情况，工程进度及存在的问题。

（9）审核施工单位申报的月度施工计量报表，认真核对工程数量；做到不超验、不漏验。

（10）督促检查施工单位及时整理竣工资料和验收资料，参加建设单位组织的竣工交接验收工作。

2. 监理工作措施

（1）按合理工期控制工程施工，正确地处理索赔。

（2）严格事前、事中、事后的质量控制措施，如发现质量缺陷，立即向施工单位口头通知整改，并下发"监理通知单"。如施工单位拒绝整改，及时向总监理工程师汇报，根据事态发展下发"工程部分暂停指令"促其整改。

（3）按合同要求及时协调有关单位的进度，以确保项目形象进度的要求。

3. 质量控制点

（1）根据本项目工程特点，本着方便管理和因陋就简的原则，以工序质量为工程质量控制的核心，设置质量控制点，以作为工程管理和质量评定的基础，强化质量预控。

（2）认真做好分析预测，对工程实施过程中的薄弱环节做到心中有数，制定预控措施。

质量控制点划分为 A（AR）点、B（BR）点和 C（CR）点：

A（AR）点为关键工序的停检点，应经施工承包单位质检部门专检合格后向项目监理机构申请报验的停检点，未经监理认可前，不得进行后续工序施工，报验时应附相关见证资料和记录；

B（BR）点为重要工序见证点，由施工承包单位质检部门负责管理，应向巡视抽检的监理工程师提供本工序检查合格的见证资料。

C（CR）点为施工单位检查工序控制点，由施工承包单位质检部门自行管理，监理工程师实施巡检监督。

注：1. 凡带"R"者，检查时施工单位必须提供自检记录和资料。

2. 施工单位在通知有关单位进行 A（AR）、B（BR）工序控制点前，必须进行认真自检。建设单位和监理单位有权对 C（CR）级控制点进行随机检查。

4. 质量分级控制要点（见表 3-1～表 3-6）

（1）地基与基础工程

（2）主体工程

（3）地面与楼面工程

（4）门窗工程

（5）装饰工程

（6）屋面防水工程

地基与基础工程 表 3-1

序 号	工 程 名 称	控 制 点 名 称	控制点等级	备 注
1	土石方工程	定位放线	AR	
		地基验槽	AR	
2	混凝土工程	定位放线、标高测量	BR	
		原材料和配比检查	AR	

序　号	工程名称	控　制　点　名　称	控制点等级	备　注
2	混凝土工程	钢筋焊接试验检查	AR	
		模板检查	CR	
		钢筋绑扎隐蔽检查	AR	
		混凝土搅拌、振捣检查	BR	
		混凝土强度检查	AR	
		基础隐蔽检查	AR	
		基础沉降观测	AR	
3	砌体工程	定位放线、标高测量	BR	
		原材料和配比检查	BR	
		砌体内配筋、埋件检查	BR	
		水泥砂浆防潮层检查	BR	
		隐蔽检查	BR	

主体工程　　　　　　　　　　　　　　　　　　　　　　表 3-2

序　号	工程名称	控　制　点　名　称	控制点等级	备　注
1	混凝土工程	定位放线、标高测量	BR	
		原材料和配比检查	BR	
		钢筋焊接试验检查	BR	
		模板、预留孔洞、埋件检查	BR	
		钢筋绑扎隐蔽检查	AR	
		混凝土搅拌、振捣检查	BR	
		混凝土强度检查	AR	
		混凝土外观及允许项目偏差检查	AR	
		结构验收	AR	
2	砌体工程	定位放线、标高测量	BR	
		原材料和配比检查	BR	
		砌砖方法及砂浆饱满度检查	BR	
		砌体内配筋、预留孔洞、埋件检查	BR	
		外观及允许项目偏差检查	BR	

地面与楼面工程　　　　　　　　　　　　　　　　　　表 3-3

序　号	工程名称	控　制　点　名　称	控制点等级	备　注
1	整体楼地面工程	原材料和配比检查	BR	
		基层处理检查	B	
		结合层检查	B	
		外观及允许项目偏差检查	BR	
2	板块楼地面工程	原材料检查	AR	
		基层处理检查	B	
		结合层检查	B	
		板块施工检查	BR	
		外观及允许项目偏差检查	BR	

门窗工程

表 3-4

序　号	工程名称	控　制　点　名　称	控制点等级	备　注
	门窗工程	材质或成品、附件检查	AR	
		安装固定点、预埋件检查	B	
		垂直度及开合试验检查	B	

装饰工程

表 3-5

序　号	工程名称	控　制　点　名　称	控制点等级	备　注
1	油漆工程	材料品种及质量检查	AR	
		装饰线、分色线检查	B	
		图案、颜色检查	B	
2	玻璃工程	材料品种、规格、质量检查	AR	
		玻璃裁割尺寸检查	B	
		玻璃安装检查	BR	
3	饰面砖（板）工程	材料品种、规格、颜色、图案检查	AR	
		镶贴牢固检查	B	
		滴水线及接缝检查	B	
		允许项目检查	BR	

屋面防水工程

表 3-6

序　号	工程名称	控　制　点　名　称	控制点等级	备　注
1	找平层工程	材料及配比检查	BR	
		表面平整度检查	BR	
2	保温隔热层工程	架空高度及铺设质量检查	BR	
		表面偏差检查	BR	
3	卷材防水工程	材料质量检查	AR	
		铺设质量及最终检查	AR	

监理实施细则编写

3.1 监理实施细则业务知识

监理工程师在编制监理实施细则之前，应该非常注意业务知识的不断学习，提高水平，以准确把握各分部分项工程的主要特点，详细施工流工艺程、每道工序施工的监控要点、施工验收的主要内容。如以混凝土钻孔灌注桩为例。监理工程师应该事先熟悉一整套有关混凝土钻孔灌注桩较完整的施工技术方法：首先，明确混凝土钻孔灌注是靠桩头和桩身共同承担荷载的一种基础；其次施工时应认真掌握其施工流程中的每个环节。

现以反循环钻机成孔泥浆护壁，水下灌注混凝土桩为例来说明对知识应该掌握的程度。

首先，掌握泥浆护壁钻孔灌注桩的施工基本工艺。

泥浆护壁钻孔灌注桩的施工工艺（反循环）见图 3-8

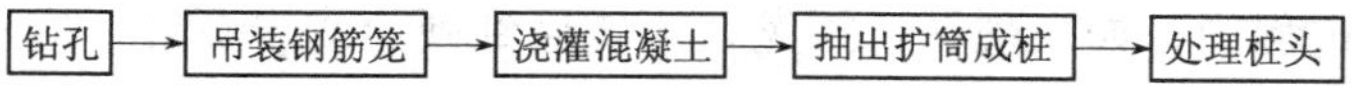

钻孔 → 吊装钢筋笼 → 浇灌混凝土 → 抽出护筒成桩 → 处理桩头

图 3-8　泥浆护壁钻孔灌注桩的施工工艺图

其次，掌握施工工艺（反循环）中每道工序的施工要点。

第三，掌握验收标准与要点。

泥浆护壁钻孔灌注桩施工要点比较复杂，基本要点可以作如下学习和回顾。

3.1.1 钻孔

1. 挖泥浆池和制作泥浆

泥浆的作用是防止孔壁坍塌和对孔壁起保护作用，它既能使孔内的泥浆不致流入孔外，又能使孔外的水不致渗入孔内，它的具体要求见表 3-7。

泥浆指标　　　　　　　　　　　　　　　　　　　　　　表 3-7

比　　重	含　砂　率	胶体含量	塑性指数
1.3~1.5t/m³（用比重计测）	5%	≥90%	$I_P > 17$

（1）挖泥浆池。

泥浆池应设至距桩位 6~8m 以外的空地为宜，坑口尺寸大约 4m×5m（也可根据钻机多少确定），深 1.5m 为宜，四周用红砖铺砌，坡度大约 600 左右，上抹 20mm 厚 1：2.5 的水泥砂浆。

泥浆池必须保证一次施工 30~40 个桩的排放和需求，否则钻孔时，既浪费泥浆，又太麻烦。

泥浆池施工完毕，应从桩位至泥浆池施工两条排浆循环沟，使泥浆循环使用，施工方法同泥浆池。

截面尺寸＝宽×高＝800～1000mm×500～600mm 为宜。

（2）制作泥浆。

泥浆的制作选用自然水和黏土或黄土拌制而成，黏土必须取样送试验室鉴定，粒径≤5mm，粒径太大必须过筛。施工时将黏土送泥浆池搅拌使用。水的选用不得使用对混凝土有害的水。

2. 埋放护筒

护筒的作用是稳定孔口，提高水位，增加静水压力和维护孔壁，固定水位。

护筒一般用 4～5mm 的钢板压制而成，钢板太薄容易变形，其内径一般比钻孔大 200mm，高度为 1.5～2m，埋入桩位后高出地面 300～400mm，侧边开 300mm×300mm 左右的孔，距地面 100～150mm 为宜，护筒埋好后，在筒外垫 200mm 厚黏土，用脚踏实，以防地面水渗入，护筒中心线与桩位中心线距离≤50mm。

3. 反循环钻机成孔

（1）钻机成孔。

待泥浆循环池及护筒施工完毕后，选择 10kW 的反循环钻机，用 8t 汽车起重机将其对准桩位就位，然后用水平尺校正机身及钻杆的水平及垂直度，开动电机，放下钻头，用泥浆泵注入泥浆，钻机将循循钻进，一节钻杆钻入后及时停机，接上第二节，如此反复钻至设计深度。

（2）钻进过程中的注意事项。

1）由于整个钻孔过程是靠泥浆循环而完成的，所以应经常检查泥浆的稠度，如发现泥浆中杂物太多，必须及时清理排浆沟及泥浆池或更换泥浆。

2）钻机在钻孔过程中，如发现钻杆摇晃，可能遇到硬土或岩石等，应立即停机检查，待查清原因，处理后再钻，否则将会发生位移、坍孔壁、桩位偏斜，甚至扭断钻杆等事故。

3）遇有岩石时应尽量慢钻，同时适当加压，必要时更换钻头。常见的钻头有普通钻头，合金钢片钻头和合金钢压轮钻头，钻进时应根据土的坚硬程度选用钻头。

（3）钻孔过程中的清渣。

钻机在钻孔过程中的泥渣，一部分同泥浆一起挤入孔壁中，另一部分随泥浆一起排出坑外流入泥浆池，剩余的部分则沉积在孔底。所以在开钻后大约 4～5m 深时，应清理一次钻孔，以后每钻 2～3m 深清理一次为宜，清理的次数也可能根据土质现场确定。

孔内清渣是用钻机上的清孔器进行的，有时也可以用人工清理。

（4）钻孔过程中常见的问题处理。

坍孔壁：由于钻头上下移动，淘渣，泥浆稠度不够，钻杆偏位或流砂等因素，都有可能引起坍孔现象。所以施工时要经常投入一些石子、黏土等补充，如坍孔严重要立即停机，将钻杆提起一段，循循搅动泥浆，将坍孔部位补平后，继续钻孔。

钻机偏移：由于机身不稳，钻机旋转位置地基松软等原因引起的钻机偏移，发现后要及时停机，校正钻机及钻杆。

孔底出现漂石：若钻机振动或钻机速度迟缓，可能由于孔底存在漂石，出现后要及时停机检查，如有漂石应及时打捞出孔外。

漏浆：漏浆是由于泥浆太稀，或孔底出现较大的洞等引起的，如孔内的泥浆突然下降，则必须在孔内加入一定数量的水泥，石膏或黏土，提起钻头搅拌进行封堵。

4. 钻孔的施工质量检查

孔的直径检查：桩孔钻完后，用一个比钻孔小 10～20mm 的圆环拴上 12 号铅丝，垂直放入孔中上下移动进行检查，铁环重 5～10kg。

孔深检查：一般用 5kg 的重锤拴 12 号铅丝检查，钻进过程中也可以根据钻杆的长短观察。

桩孔的允许偏差，见表 3-8：

桩孔的允许偏差表 表 3-8

孔　径	垂　直　度	孔位中心线	孔底沉渣厚度
≤50mm	桩长 1% （根据钻机的钻杆测定）	≤1/6 桩的设计直径 （或 100mm）	≤150mm（摩擦） [或≤50mm（端承）]

3.1.2　吊入钢筋笼

1. 钢筋笼的制作

（1）制作方法。

如设计主筋 $\phi18$，螺旋箍筋 $\phi8@200$，骨架加筋 $\phi18@2000$ 制作时，钢筋顶部加一道 $\phi20$ 箍筋，用于吊放钢筋笼，且将其中的两根筋加长做为导向钢筋。

箍筋的制作，可用一个钢筋笼直径 100mm 的辘轳圈制作而成。

制作尺寸如下：主筋＝桩长＋地梁高－保护层；导向筋＝地面标高－孔底标高

（2）桩钢筋笼制作的允许偏差（见表 3-9）。

桩钢筋笼制作允许偏差表 表 3-9

主　筋　间　距	±10mm
箍　筋　间　距	±20mm
钢　筋　笼　直　径	±10mm
钢　筋　笼　长　度	±100mm
水下灌注桩钢筋保护层	±20mm

2. 钢筋笼安装

桩孔清渣完毕，应立即吊放钢筋笼，吊放时用一台 8t 吊车徐徐向下吊放，同时用人工轻轻转动，避免碰坏孔壁。

3.1.3　水下浇灌混凝土

水下浇灌混凝土是利用导管中混凝土压力将桩孔内的泥浆排出、成桩的一种施工方法，施工时应特别认真，否则会引起夹层、夹泥，甚至形成孔洞等现象发生，严重影响桩的质量。

施工时先用吊车将导管插入孔内，在导管的上口 3～5cm 处将预制混凝土塞用 8 号铅丝固定，在导管的上部漏斗内装满混凝土，切断铅丝，混凝土同预制塞一起突然下落，在桩底扩散，随后继续在漏斗内加混凝土，将孔内的泥浆全部排空、抽出导管，即形成混凝土桩。

1. 导管的制作及安装

（1）导管的制作。

导管选用 $\delta＝3mm$ 钢板压制而成，内径 250mm，长 3m 左右，上下焊法兰盘，有利于导管的相互安装，总长＝地面标高－孔底标高＋2m，上部用法兰盘同漏斗相连。

导管制作所用的钢管内径必须光滑，接头严密，不得有跑浆或漏气现象。

导管每使用一次，必须认真清理内部污物，以便下次再用。

（2）导管的安装。

导管安装时应用 8t 吊机缓缓放下，放到底后向上提起 300～500mm。

导管安装时不得碰撞钢筋笼和孔壁，否则会影响桩孔的质量。

2. 混凝土的制作

水下浇筑混凝土要求流动性大，强度高，本工程设计强度等级 C35，坍落度 16～20cm。施工前，应先在试验室作配合试验报告单。

根据当地砂石情况，配制这种混凝土时，其强度与浇筑混凝土强度之比不小于 1：1.15，另外石子的级配要符合要求，粒径 15～30mm 为宜，含砂量不大于 1%，使用时必须用水冲洗，砂子采用粗砂，含泥量不大于 2%，水泥选用 P.O42.5 级水泥，同时加入适量的 NF 减水剂。

3. 混凝土浇灌

（1）浇灌混凝土的要求。

导管安装完毕后，立即浇筑混凝土，浇筑必须连续进行，防止由于时间太长而引起的坍孔，石渣沉入孔底增多，以及灌入的混凝土流动性减弱。

混凝土灌注桩灌注充盈系数（实际灌注混凝土体积与设计桩身直径计算体积比），一般土质不得小于 1。

（2）混凝土灌注高度检查。

浇筑混凝土除了根据其充盈系数计算其理论用量外，且必须经常采用浮标或测锤测定混凝土的灌注高度，保证桩的顶部标高准确。

4. 抽出导管成桩

混凝土浇灌完毕，应立即抽出导管，导管抽拔时应缓慢地旋转进行，不得猛抽。抽出的导管必须及时清理，以便下次使用。

3.1.4 验收要点

1. 桩头处理

钢筋混凝土灌注施工完毕后 3～5 天，既进行开挖四周的土方，挖至桩顶设计标高下 200～300mm 后，将桩上部的泥浆，水泥浆的混合物清理干净，上部用錾子凿毛，然后将弯曲的钢筋校正，清除钢筋上污物。

2. 钢筋混凝土灌注桩的试验

（1）内部结构检验。

灌注桩内部存在孔洞、疏松、跑浆等缺陷时，可以通过超声波检验。

（2）桩的承载试验。

混凝土灌注桩是在试验桩上进行的，正式打桩前，应先打试验桩。试验桩一般不少于桩总数的 1%，且不少于 3 个。试验时，将桩的顶部凿平，抹一层同混凝土强度等级相同的水泥砂浆，上部加载通过压力仪读数完成。

上述检验均由专门试验单位负责进行检验。

3. 施工中的其他问题

（1）施工时首先要根据施工图绘出打桩顺序图，对每个桩进行编号，安排好先后秩序，然后进行钻孔成桩，一般采用跳打法施工。

（2）在打桩正式开始以前，应先打好试验桩，检测无误后方可正式打桩，在正式桩施工完毕后应另作检验。

（3）自桩基施工开始到结束，必须做好各种记录，主要记录有如下：

1）钻孔记录：①钻机型号，使用钻头情况；②30min的钻进记录；③泥浆稠度记录；④特殊问题的处理记录；⑤清渣记录；⑥其他规范要求的记录。

2）浇灌混凝土的各种记录。

4. 注意事项

（1）钢筋混凝土灌注桩施工虽然工序简单，但技术含量高，必须认真对待每个工序；

（2）施工前应认真分析地质报告用于选择钻机及钻杆、钻头等；

（3）施工的关键在于钻孔和灌混凝土两个环节，钻孔时必须认真观察钻机和泥浆的变化，用于分析处理各种问题。浇桩的关键在于清渣和第一斗混凝土的施工，否则整个桩将报废；

（4）各种试验资料相当重要，必须明确分析、掌握；

（5）施工的各个主要环节，必须配专人负责，统计，记录应准确及时。

3.2 监理实施细则编写模拟案例

3.2.1 泥浆护壁钻孔灌注桩监理实施细则实例一

1. 工程概况

本工程基桩为 $\phi 600\sim1200$ 的泥浆护壁钻孔灌注桩，有效桩长可达 35.50m，混凝土加灌长度为 1.5 倍桩径。桩端进入持力层（微风化岩）1.5 倍桩径。其中 $\phi 600$ 的桩为 80 根，$\phi 800$ 的桩为 108 根，$\phi 1000$ 的桩为 60 根，$\phi 1200$ 桩的为 90 根，混凝土强度为 C25。

2. 专业工程特点与流程

泥浆护壁钻孔灌注桩适用于各种土层，有无地下水都能施工。桩长可达 50m 以上，桩直径一般为 $\phi 500\sim1200$，通常是摩阻力为主的端承摩擦桩，也有以端阻力为主的摩擦端承桩，视工程地质条件而定。泥浆护壁钻孔灌注桩的成孔制作环节很多，若某施工环节处理不好，就会造成质量问题。监理工程师的任务，就是步步为营，预防为主，把可能影响灌注桩质量的因素都考虑到。监督承包人从机械设备、材料管理人员组织和技术管理等方面，提出切实有效的施工方案和组织措施，使灌注桩符合施工验收规范，达到设计要求。

（1）施工监理工作流程（见图 3-9）。

（2）灌注桩施工工艺流程（见图 3-10）。

（3）监理工作方法与措施。

1）原材料的抽检。开工前必须对钢筋、水泥、碎石、黄砂等原材料按要求频率进行检查，质量符合要求才能开工。

2）测量放样检查。测量工程师应对桩位放样、所使用水准点复测，并检查桩位十字护桩的位置，详见测量监理细则。

3）审核开工报告。主要包括：材料准备情况检查；人员和设备到场的落实情况检查；测量放样的复测；设计配合比的复核试验检查。开工报告经驻地监理组批复才能开钻。

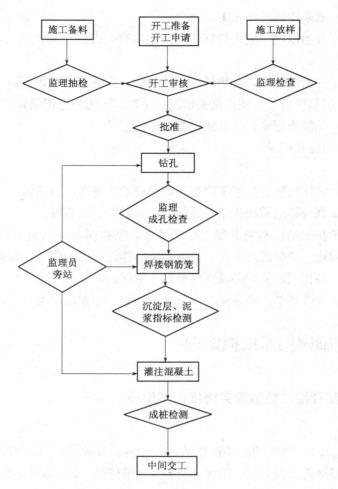

图 3-9 施工监理工作流程图

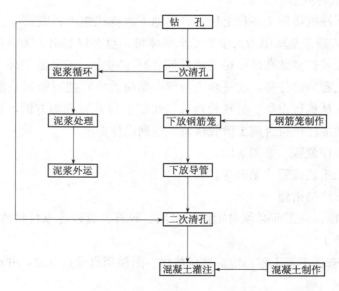

图 3-10 灌注桩施工工艺流程图

4）钻孔、成孔、清孔检查：

钻孔。①钻孔前检查钻头直径，要与设计孔径相符，并结合土质情况，护筒埋设要高于地面 0.3m 或水上 1.0～2.0m，埋深要大于 2～4m，护筒中心竖直线要与桩中心线重合。②钻孔前检查泥浆池大小是否满足施工需要，根据地质情况，调整泥浆性能指标符合规范要求，泥浆循环系统要正常。③钻孔过程中巡视检查，检查钻孔记录，若发现地质情况与设计不符应及时反映并如实记录。

终孔检查。终孔检查包括孔深、孔径、孔中心偏位、孔斜等。用测绳检查孔底标高，测绳的挂锤必须有足够重量，每个孔均需用检孔器放到孔底检查，注意检查检孔器的长度是应达到规范要求，孔深等各指标符合要求后才能终孔。

清孔。清孔过程中要检查泥浆指标，并根据地质情况确定清孔速度。

5）钢筋笼质量检查及沉放检查。①检查钢筋笼主筋的长度、根数、规格。应注意分节长度总和扣除立焊的焊缝长度符合设计长度要求。②检查箍筋直径、间距。箍筋应贴紧主筋，并绑扎牢固。③钢筋笼焊接必须符合《碳钢焊条》(GB/T 5117—1995) 要求。④钢筋笼安放定位后，应采取固定措施，防止混凝土灌注中钢筋笼上浮。⑤钢筋笼保护层按图纸要求检查，保护层钢筋的尺寸应确保保护层厚度。

6）灌注混凝土前必须再次测量孔底标高，确定沉淀层厚度，泥浆指标必须符合要求，测泥浆指标应从孔中部取浆，达不到要求时应再次清孔。

7）混凝土灌注前应检查导管密封性，导管第一次使用前应做水压试验。

8）为确保混凝土质量，生产混凝土前必须检测砂、石含水量，确定施工配合比。应经常检查水泥、砂、石等自动计量系统是否准确。使用袋装水泥时应抽检每袋重量（称 100 袋），施工中应经常检查混凝土坍落度。

9）混凝土灌注前导管底部离孔底约 25～40cm。加料漏斗底面距泥浆面高度必须满足大于 4m 要求，以保证桩头混凝土质量。应计算初盘料斗体积，第一盘料用量必须保证埋管深度大于 1m，使导管底部隔水。灌注过程中及时调整导管埋深，使导管埋置深度控制在 2～6m 范围之内，灌注过程中应经常测量混凝土表面标高并计算导管埋深。灌注过程中，督促承包人做好混凝土灌注记录，并做好旁站记录。混凝土灌注过程中，应注意防止碰撞钢筋笼。混凝土灌注结束时，孔内混凝土顶面标高至少高出设计桩顶标高 0.5～1.0m。灌注过程中独立抽检试块，并监督承包人自检，承包人的试块应按上、中、下三次取样，监理抽检试块至少一组，并独立抽取。

10）成桩检查。要检查破除桩头后的混凝土的质量，不能出现夹泥、砂浆层等现象。测量监理工程师检查桩顶偏位，其误差不能超过 5cm。旁站无破损检测，必要时进行取芯。

11）承包人桩基混凝土试块的强度试验，并做抽检试块的强度试验。

（4）岗位职责。

1）原材料和测量放样分别由试验和测量工程师负责检查认可。

2）开工报告由驻地工程师批准签发。

3）每道工序的检查在监理员的现场监督之下，由承包人质检员执行，现场监理员进行相应的独立抽检，并对检验报告鉴认。

4）每根桩在开始灌注混凝土之前，负责的监理工程师必须到场，检查钻孔、钢筋和导管等准备工作情况。

5）灌注过程中出现事故，结构工程师应及时向驻地监理组汇报。

（5）关键工序和监理工作重点

1）桩位复测。

测量监理工程师应对所有钻孔桩全部复测，现场监理检查桩位是否采取保护措施，对施工中破坏的桩位需重新复测。

2）钻孔。

检查护筒埋设及护筒的强度，护筒周围用黏土夯实，不漏水，控制平面偏差及垂直度符合要求。钻进时，不定时检测泥浆指标。泥浆池要足够大，循环池、沉淀池要分开，并及时清理泥浆池。

3）成孔检验。

利用检孔器检测桩径、孔斜，用测绳和水准仪精确测量孔底标高。

4）钢筋笼焊接。

检查焊条规格及钢筋笼长度、直径满足规范要求，相邻钢筋笼焊接时，焊接长度应不小于 $10d$（单面焊）、焊接质量满足规范要求。

5）混凝土灌注前检查。

检查泥浆三大指标（比重、稠度、含砂率）及沉淀层厚度（＜50mm）。

6）灌注混凝土。

检查电子计量装置，其精度应满足要求，施工配合比应设置准确。不定时抽检坍落度，做好试块抽检。并全过程检查混凝土灌注记录，使导管埋深控制在 2～6m 范围之内。灌注完毕时，混凝土灌注顶面标高要高出设计标高 50cm 以上，以保证桩头质量。

（6）加强控制，避免通病发生，容易出现的缺陷主要包括：

1）钻机在钻进时移位，造成钻孔偏位。

2）护筒埋深过浅，在钻孔和灌注过程中坍塌。

3）钻孔缩径，钢筋笼没有保护层。

4）清孔不够，泥浆过浓，沉淀层过厚。

5）钢筋对接不准，歪斜。

6）钢筋笼偏位。

7）在灌注过程中钢筋笼上浮。

8）混凝土离析、导管漏水等，导致卡管断桩。

（7）质量标准。

1）GB 50202—2002《地基与基础工程施工质量验收规范》。

2）GB 50204—2002《混凝土结构工程施工质量验收规范》。

主 控 项 目

桩位允许偏差：按设计要求及参照表 3-10 中的有关规定测量。

孔深：只深不浅，用重锤测量。允许偏差＋300。

灌注桩的平面位置和垂直度的允许偏差   表 3-10

序号	成孔方法		桩径允许偏差（mm）	垂直度允许偏差（%）	桩位允许偏差（mm）	
					1～3 根、单排桩基垂直于中心线方向和群桩基础的边桩	条形桩基沿中心线方向和群桩基础的中间桩
1	泥浆护壁钻孔桩	$D \leqslant 1000mm$	+50	<1	$D/6$，且不大于 100	$D/4$，且不大于 150
		$D > 1000mm$	+50		$100+0.01H$	$150+0.01H$
2	套管成孔灌注桩	$D \leqslant 500mm$	−20	<1	70	150
		$D > 500mm$			100	150

注：1. 桩径允许偏差的负值是指个别断面。
    2. 采用复打、反插法施工的桩，其桩径允许偏差不受上表限制。
    3. H 为施工现场标高与桩顶设计标高的距离，D 为设计桩径。

桩体质量：按基桩检测技术规范进行小应变检测，数量应 ≥30%，且不少于 20 根。

混凝土强度：按设计要求，见证取样。

承载力：按基桩检测技术规范及设计要求进行静载荷试验，数量应 ≥1%，且不少于 3 根。

钢筋笼：主筋间距允许偏差 +10，长度允许偏差 +100。

一 般 项 目

垂直度：允许值 1%，测套管或钻杆。

桩径：允许偏差 +50，委托成孔试验。

泥浆比重：应 <1.15，用比重计测定。

泥浆面标高：高于自然地面 300，用目测。

沉渣厚度：允许值 ≤100，用重锤测量。

混凝土坍落度：允许值 160～220，用坍落度仪。

钢筋笼：安装深度允许偏差 +100，箍筋间距允许偏差 +20，直径允许偏差 +10。

混凝土充盈系数：应不小于 1，用计量计算法。

桩顶标高：允许偏差 +30、−50，用水准仪，需扣除浮浆层。

（8）控制点。

1）桩位控制：

桩位控制包括桩在水平方向的位置、桩顶标高（垂直方向位置），以及桩身垂直度的控制。桩在水平方向位置控制包括红线、灰线、护筒埋设情况及钻机就位情况。由于桩位放样随施工阶段性进行，监理工作主要采取抽样检查的方法。桩顶标高需考虑地坪和机架标高的变化，并扣除测定的桩顶浮浆层及劣质桩体的高度。桩身垂直度通过控制桩架垂直度（目测）、测斜，以及钢筋笼下放顺利程度来进行。

2）桩长控制：

控制桩长是保证灌注桩承载性能的重要措施。桩长控制措施一方面是检查钻具长度。钻具在施工过程中有一定的变化，包括钻具伸缩、磨损和更换。监理在施工过程中对钻具督促施工单位进行多次复测，保证钻具长度的真实性。另一方面用重锤测绳检测钻孔的实际深度，经监理验证孔深达到设计要求后才可进行下一道工序的施工。

3) 桩体质量控制:

控制桩身质量包括钢筋笼制作及安装质量，混凝土质量及混凝土浇捣质量。钢筋笼制作完毕，监理实施验收制度，按设计要求检查钢筋笼的各项技术指标（包括钢笼直径、长度、主筋数量、箍筋间距、焊接质量等）。钢筋笼安装质量通过检查焊接（立面）质量及下笼情况来进行，控制笼顶所处位置及钢筋下放按规范进行，同时检查钢筋笼定位的固定措施。商品混凝土搅拌质量主要通过目测和坍落度检查来进行。混凝土浇捣质量控制监理工作主要有四个方面，包括混凝土初灌量、开浇时导管距孔底位置、浇捣过程中导管在混凝土内的埋深及每次导管上拔长度和上拔速度的检查。为确保桩体质量，施工前必须委托试成孔，数量不少于 2 个，以利及时修正施工工艺和措施，成孔后至灌混凝土前的间隔时间不得大于 24h。

(9) 桩端施工质量控制。

桩端施工质量影响桩端承载性能，为保证桩端质量，监理除控制桩径外，还要严格控制沉淤厚度。监理以重锤测绳实测，要求沉淤不大于 10cm。同时监理还严格控制二次清孔结束至混凝土浇捣之间间隔时间（<30min）。

沉淤厚度与清孔质量是密切相关的，为保证清孔质量，监理一方面检查清孔时泥浆性能比重；再者复校导管长度，控制清孔时导管埋深，以保证清孔效果。改变单纯量测沉淤厚度控制沉淤的方法，变被动为主动，比较好地保证了工程沉淤性能。

(10) 风险分析。

钻孔灌注桩应用相当普及，它属于现场制作的细长构件，施工的工序较为复杂，施工工艺变化较多，其中成孔工艺、泥浆护壁性能及水下混凝土灌注质量对钻孔灌注桩质量的目标影响较大，钻孔灌注桩常见质量问题包括桩位偏差、孔斜、断桩、缩径、桩身混凝土疏松、沉淤超厚及钢筋笼上浮等。

(11) 预检项目。

1) 施工组织设计。

严格审校施工方有关生产、技术管理、劳动力组织、施工机械配备及材料供应计划，泥浆排放措施、进度计划安排，施工场地布置等方面严密性、可靠性，尤其重点审查施工方三级质保体系落实情况。

2) 土层资料。

应充分了解场内土层情况，针对不同土层特点制订相应成孔措施。

3) 场地条件。

检查场地三通一平条件，检查硬地施工法落实情况，同时事先应查明场内地下障碍物分布情况，必要时应提前清理。

4) 原材料质量。

按设计图纸及混凝土配合比检查场内原材料品种、规格、质保书，并按规范要求进行抽检。控制轴线：检查轴线定位依据、标高引入点，并对场内控制轴线及控制标高进行检查。

5) 试验项目:

砂石：同产地以 $200m^3$ 或 $300m^3$ 为一批。

水泥：同品种同标号不大于 200t 为一批。

钢筋：同截面尺寸同一炉号大于 60t 为一批。

钢筋电渣焊接接头：每 300 个接头为一批，气压焊，闪光对焊 200 个接头为一批。

混凝土强度标准试块：每根桩不少于一组，每组三块。

试成孔试验、承载力试验：按有关规范或设计要求确定试验数量和位置并督促委托专业单位。

6）旁站检查。

成孔：检查钻机就位"三心一线"（桩位中心、转盘中心及天轮中心），稳固程度及钻机转盘平整度，检查钻孔记录及不同层实际钻进速度、终孔孔深、沉淤厚度、泥浆性能。

钢筋笼安装：检查钢筋笼吊装垂直度控制，搭接焊质量吊装操作规范性，垫块安放，吊筋到位情况等。

混凝土灌注：检查导管至孔底距离；隔水球使用情况，灌注返浆情况，导管埋深及拔除操作等。

试块制作养护：检查制作方法准确及养护条件。意外事故处理，任何施工故障一旦发生，监理应作详细记录。

实测检查：原材料：每进场一批抽查一批，按质量标准及级配单要求实施。

护筒埋设：抽查护筒定位精度及埋设质量。

混凝土坍落度：每根桩抽查至少 2 次。

泥浆性能：检查泥浆比重及黏度，成孔与清孔分开检查。

清孔沉淤：主要检查清孔落实情况。

混凝土初灌量：根据实际孔深、孔径，按规范要求确定初灌量并检查混凝土实际用量。

隐蔽工程验收：①成孔深度。根据设计桩长、标高及钻头长度、护筒口标高确定钻杆上余量加以控制，并采用测绳复核。②钢筋笼制作质量。钢筋的规格、形状、尺寸、数量、间距接头设置必须符合设计要求和施工规范规定。③钢筋笼接头焊接。检查焊缝长度、宽度、高度、桩顶标高及护筒标高计算吊筋长度并复核实际吊筋长度。④沉淤厚度。采用测量重锤手感测定措施检查沉淤厚度。⑤混凝土上翻高度及充盈系数。在最后一节与导管拔除前用测绳检查混凝土面标高，混凝土上翻高度应满足规范要求，充盈系数至少满足不小于 1 的要求。

7）单桩综合评定表。

根据验收结果及实际施工情况进行综合评定并验收。提供资料：

①设计图纸及技术要求；②施工方案；③技术核定单；④工程变更签证；⑤质量检验评定表；⑥隐藏工程验收单。

3.2.2 沉管灌注桩监理实施细则实例二

1. 工程概况

由××××房地产开发有限公司开发的××市新湖绿都花园（六标段）地下汽车库配套楼（幼儿园、会馆）工程位于××市纺工路 2 号，由××省建筑设计研究院设计。桩基采用 ϕ 377 沉管灌注桩，设计桩长 17m，共计 671 根桩，单桩承载力设计值为 550kN，桩身混凝土强度为 C30。由××建筑安装工程总公司打桩队施工，业主委托××××建设监理有限公司监理。

2. 工程监理的主要依据

（1）委托监理合同；

（2）建设工程施工承包合同；

（3）施工图纸和工程地质勘察报告；

（4）GB 50202—2002《地基与基础工程施工质量验收规范》；

（5）JGJ 94—2008《建筑桩基技术规范》；

（6）GB 50204—2002《混凝土结构工程施工质量验收规范》。

3. 监理组织机构

该工程监理由××××建设监理公司负责，打桩施工阶段有关监理人员名单如下：

总监理工程师：×××；

总监理工程师代表：×××；

驻现场监理工程师：×××；

驻现场监理员：×××、×××；

投资控制师：×××。

4. 专业工程的特点

（1）本工程质量要求高，施工工艺复杂，必须精心施工、精心监理。

（2）本工程工期紧，必须加强施工计划管理，科学合理施工，注意安全文明施工。

（3）本工程作业面大，人力、物力投入集中，协调工作量大，势必要求投入较多的管理人员。

5. 监理工作控制流程与要点（见图 3-11）

图 3-11　监理工作控制流程与要点

6. 监理工作的方法及措施

（1）质量事前控制。

1）掌握和熟悉质量控制的技术依据，主要为：

设计图纸及说明书，了解地质勘察成果；

建筑安装工程施工验收规范及质量评定标准；

施工图纸会审和设计技术交底记录。

2）施工现场的质检验收。

现场障碍物的拆迁及清除后的验收；

现场定位轴线、建筑轴线，高程的测量检查验收。

3）审查施工单位的资质，质量保证体系人员是否到位；检查特殊工种操作人员的上岗证。

4）检查打桩机械的技术性能，维护保养状况及运行可靠性。

5）检查原材料的质量。

6）审查施工单位提出的打桩方案（施工组织设计）。要求对保证工程质量应有可靠的技术和组织措施；要求针对容易出现的工程质量通病制定切实可行的预防和补救技术措施。

（2）工程质量的事中控制。

1）桩基施工过程中的质量控制。

认真复核施工单位测实的桩位轴线及每个桩点的标高,确保放样和桩位的准确性;

每根桩沉降前必须检查运桩机、桩身、桩帽中心线是否重合;

监测打桩过程。控制沉桩速度,桩尖压入土层 500mm 时,再复核校正桩的垂直度和机身平台水平度,按试打桩或设计方案规定要求打桩;

检查施工单位压桩过程数据准确性,施工单位必须设专人进行施工记录;

沉桩过程必须做到旁站监理,以确保打桩施工严格按规定要求进行,及时处理施工过程中的突发事件;

严格按方案确定的沉桩顺序施工,不能随意施打;

注意观察沉桩的挤土状况,可采用限制打桩速率减弱挤土效应。

2)工序检查。

施工中坚持上道工序未经检查不能进行下道工序施工的原则。上道工序完成后先由施工单位进行自检、专职检,认为合格后方可通知现场监理工程师或其他代表到现场会同检验。检验合格后签署认可才能进行下道工序。

3)工程质量事故处理。

若发生质量事故,应及时分析事故原因,分清责任,制定措施,提出事故处理方案和报告。对较大的质量事故,则应及时报告建设单位、设计部门及有领导,制定处理工程质量事故技术措施或方案,并对处理措施的效果进行检查验收。

4)为了保证工程质量,出现下述情况之一者,监理工程师有权指令施工单位立即停工整改。

未经检验即进行下一道工序作业者;

擅自变更设计图纸要求及试桩报告要求;

使用不合格或质保书不全的材料,采用劣质原料;

擅自将工程转包;

没有可靠质量保证措施,已出现质量下降征兆者。

5)工程质量、技术签证:

凡质量、技术问题方面的签证由现场监理工程师在原始凭证上签署后,由项目总监理工程师核签。

6)加强现场安全,文明施工监督:

检查施工安全技术,文明施工措施是否落实,重点检查机械设备的完好程度、电源及接地的规范化;

监测现场技术作业人员持证上岗率,消除人为安全事故隐患;

经常检查现场布置情况,确保道路畅通,材料堆放有序,施工坑洞堵填及时。

7)组织落实:

打桩施工阶段现场设置桩基监理主任监理工程师,负责现场桩基监理人员的工作,落实桩基监理细则,签发技术联系单,指导检查监理员的工作质量。

打桩施工时坚持旁站监理;

建立打桩动态记录表,及时全面反映桩基施工的质量、进度参数;

建立每周一次的现场协调会。由监理方牵头,业主、设计、施工方参加,及时解决现场出现的各种问题,以确保建设项目的实现。

（3）工程质量的事后控制。

1）单项工程完成后，施工单位初验合格后填验收申请表，报监理单位验收。验收资料如下：

桩位测量放线图；

桩身材料打入记录（施工记录）；

桩的打入记录（施工记录）；

桩位竣工平面图；

竣工报告。

2）审核桩位竣工图及其他有关资料。

3）整理监理资料并编目建档。

由于沉管灌注桩属挤土桩型桩，在成桩过程中，大量的桩压入土体中，桩周围的土不断的被挤压密实，因而使桩周围土层受到严重扰动。因此，在成桩后挖土时一定要注意：

制定详细的挖土方案，施工时严格控制；

每次挖土深度不宜超过 2m；

挖土过程中，密切注意桩的倾斜情况，一旦发现倾斜，立即停止挖土，分析原因，采取可靠措施并能确保桩身质量及桩位准确后方可继续施工。

7. 工程技术资料

（1）工程测量定位记录；

（2）专项施工方案；

（3）施工单位资质证书（复印件）；

（4）开、竣工报告；

（5）图纸会审纪要、工程技术联系单；

（6）预制构件（桩尖）合格证；

（7）水泥质量证明书；

（8）钢材质保书、钢材力学试验单、钢材焊接试验单及焊条合格证；

（9）水泥、砂、石子及混凝土配合比试验单；

（10）特殊工种上岗证；

（11）隐蔽工程验收记录（桩尖埋设、钢筋笼、桩基础）；

（12）试打桩记录；

（13）施工日记；

（14）混凝土施工日记；

（15）打桩记录；

（16）技术复核记录；

（17）分项工程质量评定表；

（18）混凝土强度报告；

（19）打桩顺序图；

（20）竣工图；

（21）工程竣工验收记录；

（22）桩基检测报告（动测报告与静载报告）。

实 训 课 题

实训 1. 模拟情境，结合专业知识完成施工测量监理工作方法及措施模块编写。

实训 2. 模拟情境，结合专业知识完成原材料构配件监理工作方法及措施模块编写。

实训 3. 模拟情境，完成基础工程质量监理工作方法及措施模块编写。

实训 4. 模拟情境，完成现浇框架（剪力墙）主体结构质量工程监理工作方法及措施模块编写。

实训 5. 模拟情境，完成装饰装修工程质量监理工作方法及措施模块编写。

实训 6. 模拟情境，完成屋面工程质量工程监理工作方法及措施模块编写。

实训 7. 模拟情境，完成土建监理实施细则集成。

复习思考题

1. 地基与基础分部工程有哪些常用的分项监理实施细则？

2. 现浇框架（剪力墙）结构主体结构分部工程有哪些常用的分项监理实施细则？

3. 装饰装修工程分部工程有哪些常用的分项监理实施细则？

4. 屋面工程质量分部工程有哪些常用的分项监理实施细则？

项目 4

关键部位关键工序监理

能力要求： 通过学习，更加增强顶岗工作的岗位职责意识和协同工作理念，能在专业监理工程师的指导下积极参与并完成土建工程关键部位关键工序旁站方案的编制，内容系统规范，并能够通过监理旁站方案理解和应用方面的专业测试，能力评价达到及格水平以上。

关键部位关键工序监理

1.1 关键部位关键工序总控制程序与方法

关键部位关键工序主要是原材料、施工组织设计（方案）审查、质量及进度控制等内容，总控制程序与方法分别见图 4-1、图 4-2、图 4-3、图 4-4。

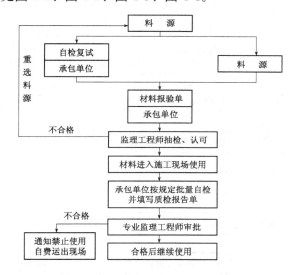

图 4-1 原材料质量控制程序与方法框图

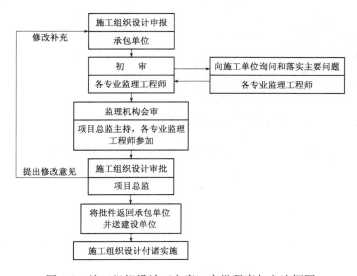

图 4-2 施工组织设计（方案）审批程序与方法框图

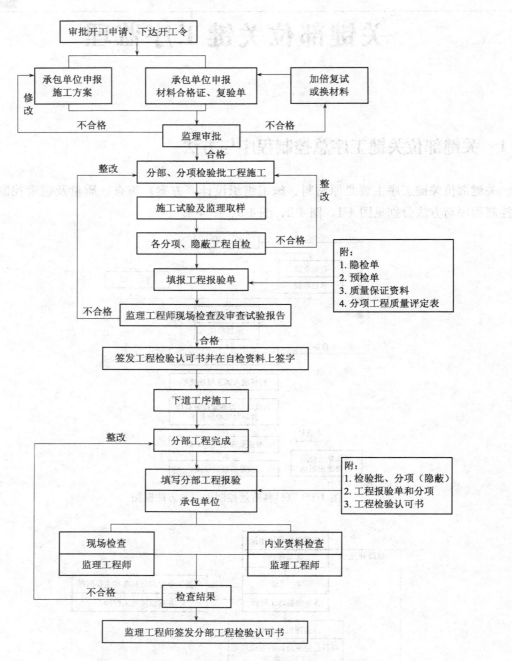

图 4-3 施工阶段分部工程质量控制程序与方法框图

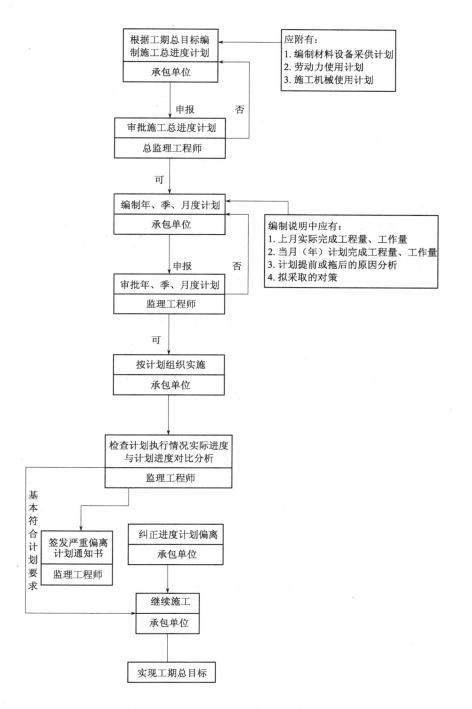

图 4-4　施工阶段总进度控制程序与方法框图

1.2 施工测量控制程序

施工测量控制程序见图 4-5。

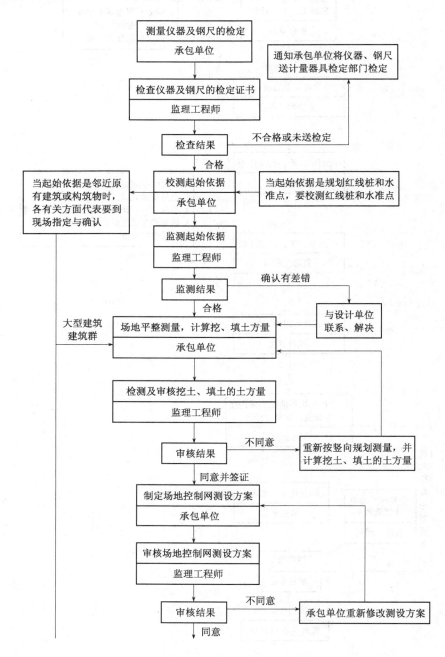

图 4-5　建筑施工测量质量控制程序与方法框图（一）

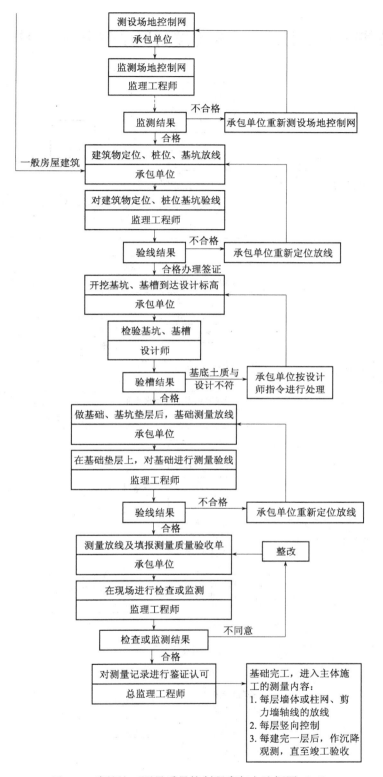

图 4-5 建筑施工测量质量控制程序与方法框图（二）

1.3 地基与基础工程土石方子分部控制程序与方法（见图4-6）

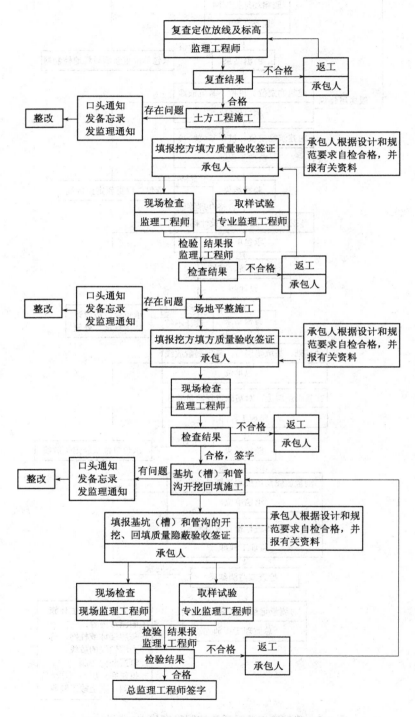

图 4-6 土方工程质量控制工作流程与方法框图

土方工程常见质量问题、产生原因及防治方法见表4-1。

土方工程常见质量问题   表 4-1

常见质量问题	现 象	产 生 原 因	防 治 方 法
场地积水	在场地平整过程中或平整完成后，场地范围内局部或大面积出现积水	1. 场地平整填土面积较大或较深时，未分层回填压实，土地的密度很差，遇水产生不均匀下沉造成积水 2. 场地周围排水不畅，场地未做成一定排水坡度，或因测量错误，使场地高低不平	1. 平整前，做好防排水措施，能使整个场地水流畅通 2. 应分层回填，分层压（夯）实，使相对密度不低于85%，避免松填 3. 对已积水场地应立即疏通排水和采取截水设施，将水排除 4. 做好或重修排水坡；对局部低洼处，填土找平夯实
填方边坡塌方	填方工程边坡塌陷或滑塌，造成坡脚处土方堆积	1. 边坡坡度偏陡 2. 边坡基底的草皮、淤泥、松土未清理干净；与原陡坡接合未挖成阶梯形搭接；填方土料不符合要求 3. 边坡填方未按要求分层回填压（夯）实，密实度差，缺乏护坡措施	1. 永久性填方的边坡坡度应根据填方高度、土的种类和工程重要性按设计规定放坡 2. 使用时间较长的临时性填方边坡度：当填方高度在10m以内，可采用1:1.5；高度超过10m，可作成折线形，上部为1:1.5，下部为1:1.75 3. 填方应选用符合要求的土料 4. 在边坡上、下部作好排水沟，避免在影响边坡稳定范围内积水
填方出现橡皮土	在含水量很大的腐植土、泥炭土黏土等原状土基上进行回填或采用这类土作填料，特别在混杂状态下进行回填，由于原状土被扰动，颗粒之间的毛细孔遭到破坏，水分不易渗透和散发，经夯击或碾压，表面形成一层硬壳，更加阻止了水分的渗透和散发，因而使土形成软塑状态的橡皮土	1. 避免在含水量过大的腐植土、泥炭土等原状土地上进行回填 2. 控制回填土料的含水量，尽量使其在最优含水量范围内 3. 雨天填土区设置排水沟，以排除地表水	1. 用干土、石灰粉、碎砖等吸水材料均匀掺入橡皮土中，吸收土中水分，降低土的含水量 2. 将橡皮土翻松、晾晒、风干至最优含水量范围，再进行压实 3. 将橡皮土挖除，换土回填夯（压）实，或雨过天晴以3:7灰土、级配砂石夯（压）实
回填土密度达不到要求	回填土经辗压或夯实后，达不到设计要求的密实度，将使填土场地、地基在荷载下变形增大，强度和稳定性降低	1. 土的含水率过大或过小，因而达不到最优含水率下的密实度要求 2. 填土厚度过大或压（夯）实遍数不够；或机械压碾速度太快 3. 辗压或夯实机具能量不够，达不到影响深度要求，使土的密实度降低	1. 选择符合填土要求的土料回填 2. 土料不合要求时，应挖出、换土回填或掺入石灰、碎石等压（夯）实 3. 对由于含水量过大、达不到密实度要求的土层，可采用翻松、晾、晒、风干或掺入干土及其他吸水材料，重新压（夯）实 4. 当含水量小或碾压机能量过小时，可采取增加压实遍数或使用大功率压实机械辗压等措施
回填土下沉		1. 回填土选用的土料含水率大 2. 如选用含水率过大的土料，夯击时变成橡皮土；在这种基土上作混凝土垫层，易产生开裂 3. 回填土未作分层夯（压）实，导致下沉量过大而造成地坪开裂	1. 严格控制回填土选用的土料和土的最佳含水率 2. 填方必须分层铺土和压实；铺土厚度和压实遍数可根据验收规范的规定 3. 不许在含水率过大的腐殖土、亚黏土、泥炭土、淤泥等原状土上填方 4. 填方前，应对基底的橡皮土进行处理，处理的方法是：翻晒、晾干后进行夯实；换土，将橡皮土挖除，换上干性土，或回填级配砂石

1.4 地基与基础工程基础子分部控制程序与方法（见图 4-7）

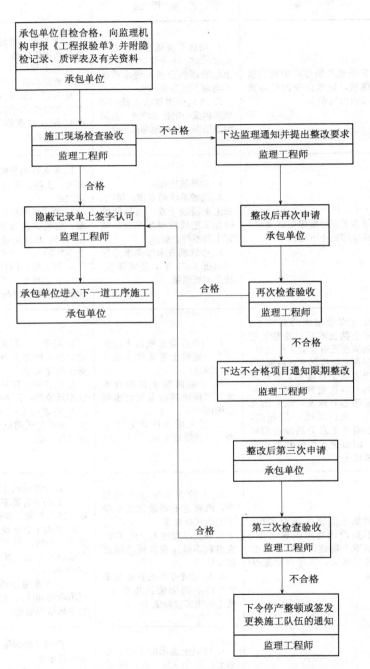

图 4-7　隐蔽工程质量控制程序与方法框图

1. 地基加固工程质量通病及防治方法（见表 4-2）

地基加固工程质量通病及防治方法表　　　　　　　　　　　　　表 4-2

通病名称	质量缺陷	产生原因	防 治 方 法
重锤夯实不良	夯实过程中无法确定达到试夯时的最小夯击遍数和总下沉量，不能夯击密实	1. 土的含水量过大或过小 2. 不按规定的施工顺序进行 3. 重锤的落距不按规定执行——忽高忽低，落锤不平稳 4. 坑壁坍塌；分层夯实时，土的虚铺厚度过大，或夯击能量不够，不能达到预期的影响深度	1. 夯实时使土保持最佳含水量范围内（即塑限±2） 2. 土太干，适当洒水，加水后应待水全部渗入土中一昼夜后，并检验土的含水量已符合要求，方可进行夯打 3. 太湿掺加干土、碎砖或生石灰等吸水材料，或采取换土等其他措施 4. 夯打次序严格按规范规定顺序进行，在条形基槽和大面积基坑内夯打时，宜先按一夯挨一夯顺序进行，在一次循环中同一夯位应接边夯打时，一般采用先周边后中间或先外二里跳打法 5. 当基坑（槽）底面的标高不同时，按先深后浅的顺序逐层夯实 6. 落距按规定执行，落锤要做平稳 7. 分层夯实填土时，应取含水量略高于最佳含水量的土料，每层铺填后应及时夯实，并严格控制每层铺土厚度，试夯时的层数不宜小于两层

2. 浅基础工程质量通病、产生原因及防治方法（见表 4-3）

浅基础工程质量通病、产生原因及防治方法　　　　　　　　　表 4-3

通病名称及缺陷性质	产 生 原 因	防 治 方 法
名称：麻面 现象：混凝土表面局部缺浆粗糙，或有许多小凹坑，但无钢筋外露	1. 模板表面粗糙或清理不干净；钢模板脱模剂涂刷不均匀或局部漏刷，拆模时混凝土表面粘结模板，引起磨面 2. 模板接缝不严密，浇灌混凝土时漏浆；混凝土振捣不密实，混凝土中的气泡未排出	1. 模板要清理干净；脱模剂要涂刷均匀，不得漏刷 2. 若模板有缝隙，应用油毡条、塑料条、水泥砂浆等堵严，防止漏浆；混凝土必须按操作规程分层振捣密实 3. 对表面不再装饰的部位应加以修补，将麻面部位用清水刷洗，充分湿润后用水泥素浆或 1:2 水泥砂浆抹平
名称：蜂窝 现象：混凝土局部酥松，砂浆少，石子多，石子之间出现间隙，形成蜂窝状的死洞	1. 混凝土一次下料过多，没有分段分层浇灌，因漏振而造成蜂窝 2. 模板孔隙未能堵好，或模板支设不牢固，振捣混凝土时模板移位，造成严重漏浆，或墙体烂根，形成蜂窝	1. 混凝土自由倾落度不得超过 2m；如超过，要采用串筒、溜槽等措施下料 2. 混凝土振捣应分层捣固，振捣等要按有关规定进行 3. 混凝土有小蜂窝，可先用水冲洗净，然后用 1:2 或 1:2.5 水泥砂浆修补；如是大蜂窝，则先将松动的石子和突出的颗粒剔除，尽量剔成喇叭口，然后用清水冲洗干净，再用高一号的细石混凝土捣实，加强养护
塌孔（成孔后，孔壁局部塌落）	1. 在有砂卵石、卵石或流塑淤泥质土夹层中成孔，这些土层不能直立而塌落 2. 局部有上层滞水渗漏作用，使该层土坍塌	预防措施： 1. 在砂卵石、卵石或流塑淤泥质土夹层等地基土处进行桩基施工时尽量不采取钻孔灌注方案 2. 在遇有上层滞水可能造成塌孔时，可采用电渗井降水或在正式钻孔前一周内，在有上层滞水区域内先钻若干个孔，深度透过隔水层到砂层，在孔内填进级配卵石，让上层滞水渗漏到地下去，然后再进行钻孔灌注桩施工 治理方法： 1. 先钻至塌孔以下 1～2m，用豆石混凝土或低强度混凝土（C6～C10）填至塌孔以上 1m，待混凝土初凝再钻孔至设计要求。使填的混凝土起到护圈作用，防止继续坍塌，也可采用 3:7 灰土夯实代替混凝土 2. 钻孔底部如有砂卵石、卵石造成的塌孔，可采用钻探的办法，保证有效桩长满足设计要求

1.5 主体结构分部混凝土结构子分部控制程序与方法（见图 4-8、图 4-9、图 4-10、图 4-11）

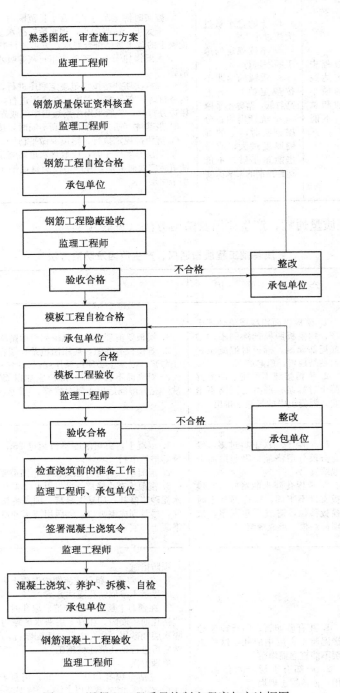

图 4-8　混凝土工程质量控制主程序与方法框图

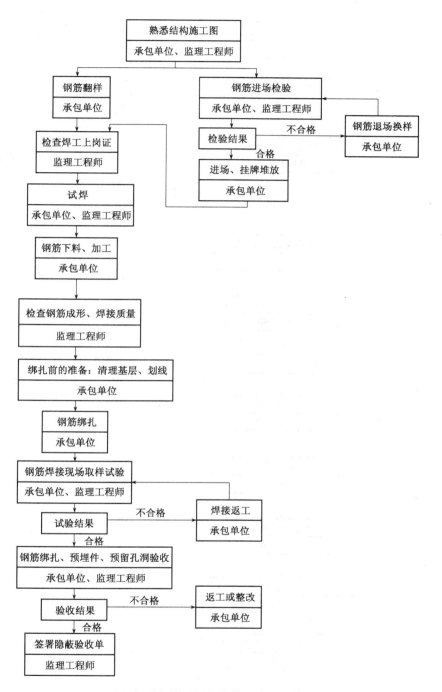

图 4-9　钢筋工程质量控制程序与方法框图

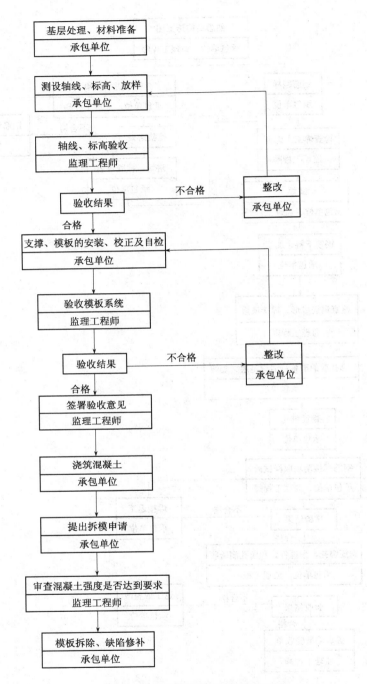

图 4-10 模板工程质量控制程序与方法框图

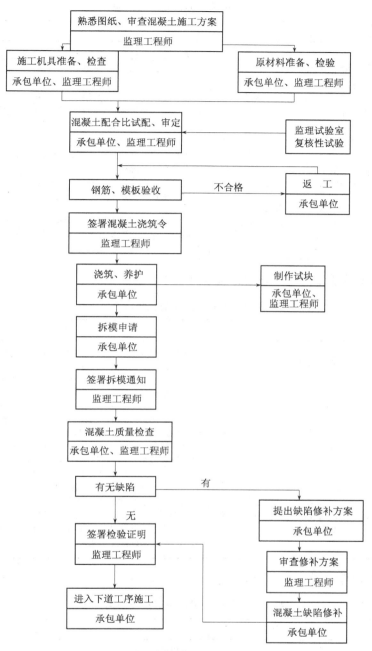

图 4-11　混凝土工程质量控制程序与方法框图

1. 模板安装质量通病及防治方法

（1）木模板安装质量通病及防治方法（见表 4-4）

1）模板及其支架必须有足够的强度、刚度和稳定性，其支架的承受部分必须有足够的支承面积。如安装在基土上，基土必须坚实并有排水措施。

2）木模板（或夹板）应符合 GB 50206—2002《木结构工程施工质量验收规范》中的承重结构选材标准，其树种可按本地区实际情况选用材质（不宜低于Ⅲ等材质）。

A. 模板接缝宽度应符合规定；

B. 模板与混凝土的接触面应清理干净，并采取防粘结措施。

木模板质量通病防治方法表 表 4-4

质量问题名称	现　　象	防　治　方　法
带形基础的质量通病	带形基础通长方向，上口不直，宽度不够，下口陷入混凝土内，拆模时混凝土缺损，底部钉模不牢固	模板应有足够的强度和刚度，支模时垂直度要正确。模板上口应钉木带，以控制带形基础上口宽度，并通长拉线，保证上中平直。隔一定间距，将上段模板支承在钢筋支架上；支撑直接在土坑边时，下应垫以木板，以扩大其承载在，两块模板长向接头处应加拼条，使板面平整，连接牢固
梁模板质量通病	梁模板底不平，梁侧模炸模，局部模板嵌及柱梁间拆除困难	支模时应遵守边模包底模的原则，梁模与柱模连接处，下料尺寸一般应略微缩短。梁模必须有压脚板、斜撑，拉线通直后将梁侧模钉牢固。梁底模板按规定起拱。混凝土浇筑前应充分用水湿润
柱模板质量通病	柱模板炸模，断面尺寸鼓出，漏浆，混凝土不密实，或蜂窝、麻面、偏斜，柱身扭曲	根据规定间距钉置柱箍（间距一般在 500mm 左右），成排柱模支模时，应先立两端柱模，校直和复核位置无误后，顶部拉通长线，再立中间柱，四周斜撑要牢固

（2）钢模板安装质量通病及防治方法（见表 4-5）

钢模板安装质量通病及防治方法 表 4-5

质量问题名称	现　　象	防　治　方　法
柱模板位移	截面尺寸不准，混凝土保护层过大，柱身弯曲，梁柱接头偏差大	支模前按墨线校正钢筋位置，钉好衬脚板；转角部位应采用连接角模以保证角度正确；柱箍形成、规格、间距要根据柱截面大小及高度进行设计确定；梁柱接头钢板要按大样图进行安装而且连接要牢固
墙体混凝土厚薄不一致	上口过大，墙体烂脚，墙体不垂直	模板之间连接用的 U 形卡或插销不宜过疏，穿墙螺栓的规格和间距应按设计确定；除地下室外均要设置穿墙螺栓套管；墙梁交接处和墙顶上口应设拉结；外墙所立的拉顶支撑要牢固可靠。模板底边应加水泥砂浆找平层，以防漏浆
梁身不平直	梁底下不平，梁侧面鼓出，梁上口尺寸加大，板中部下挠，产生蜂窝、麻面	梁高小于 750mm 时，模板之间的连接插销不少于两道，梁底与梁侧板宜用连接角模进行连接，对大于 7500mm 梁高的侧板，宜加穿墙螺栓。模板支顶的尺寸和间距的排列，要确保支撑系统有足够的刚度，模板支顶的底下部应在坚实的地面上，梁板跨度大于 4m 者，如设计无要求则应按规范要求起拱

（3）框架结构模板安装质量通病及防治方法（见表 4-6）

框架结构模板安装质量通病及防治方法 表 4-6

质量通病名称	原因与现象	防　治　方　法
柱模质量通病	截面尺寸不准，混凝土保护层过大，柱身扭曲	支模前按图弹位置线，校正钢筋位置，支柱前柱子应做小方盘模，以保证底部位置准确；根据柱子截面尺寸及高度，设计好箍尺寸及间距，在柱四角做好支撑及拉杆
梁、板模板质量通病	梁身不平直，梁底不平，梁侧鼓出，梁上口尺寸偏大，梁中部下挠	梁、板模板应通过设计确定龙骨、支柱的尺寸及间距，使模板支承系统有足够的强度及刚度，以防止浇灌混凝土时模板变形；梁板模板应按设计要求起拱，防止挠度过大
墙模板质量通病	墙体混凝土厚度不一致，截面尺寸不准确；拼板不严，缝隙过大造成跑浆	模板应根据墙体高度和厚度通过设计确定纵横龙骨的尺寸及间距、墙体的支撑方法和角模的形式；模板上口应设拉结，防止上口尺寸偏大
跑浆	成型的混凝土有蜂窝、麻面甚至的孔洞	模板缝隙要严密，对于钢模板一定要检修后再支模，尤其是钢模的边肋必须调直后再用；木模拼缝应符合规定的标准，确保浇灌时不跑浆

2. 钢筋工程质量通病及防治方法（见表4-7）

钢筋工程质量通病及防治方法　　　　　　　　　　　　表 4-7

名称及现象	产生原因	防 治 方 法
钢筋品种规格混杂不清	入库前专业人员没有严格把关，原材料管理混乱，管理制度不严	专业材料人员应认真做好钢筋的验收工作，仓库内应按进场的先后、品种划分不同的堆放区域，并做好明显标志，以便提取和查找
加工的箍筋不规范	箍筋边长的成型尺寸与设计要求偏差过大，弯曲角度控制不严	阶段操作时先试弯，使成型尺寸准确再弯制；一次弯曲多根钢筋时应逐根对齐。对已出现超标的钢筋，HPB235 可以重新调直后再弯一次，其他品种钢筋，不得重新弯曲
弯曲成型后的钢筋变形	成型钢筋往地面摔得过重或堆放地坪不平整，堆放过高而压弯，或搬运过于频繁	搬运堆放时应轻抬轻放；堆放场地应平整；堆放的顺序应按施工顺序的先后堆放，避免不必要的重复翻垛。已变形的钢筋可以放到成型台上矫正，变形过大的应视碰伤或局部裂纹的轻重具体处理
成型的尺寸不准	下料不准确，画线方法不对或偏差过大，用手工弯曲时，扳距选择不当，角度控制没有采取保证措施	加强钢筋配料的管理工作，根据实际情况和经验预先确定钢筋的下料长度调整值。为了确保下料画线正确，应制订切实可行的画线程序，操作时搭板子的位置应按规定办理。对形状比较复杂的钢筋或大批量加工的钢筋，应事先试弯，以确定合适的操作参数（画线、板距等）以作大批量弯制的示范。成型尺寸已超过标准的钢筋，除 1 级钢筋可以调整重新弯制一次外，其他品种钢筋不能重新再弯
墙柱外伸钢筋位移	钢筋安装合格后固定钢筋的措施不可靠而产生位移，浇筑混凝土时，振捣器碰钢筋又不及时修正	钢筋安装合格后，在其外伸部位加卡固定，并在浇捣混凝土时注意观察，如钢筋发生位移，应及时修正，再浇捣混凝土。浇捣混凝土时应尽量不碰动钢筋。在混凝土浇捣完成后再检查一遍，发现钢筋位移及时修正
拆模后露筋	水泥砂浆垫块太稀或脱落；钢筋骨架外形尺寸不准而局部挤触模板或因振捣器碰撞模板；操作者责任心不强，因漏振而造成露筋	每1m左右用铅丝加绑水泥砂浆垫块或塑料卡，避免钢筋紧靠模板而露筋。在钢筋骨架安装尺寸有误的地方，应用钢丝将钢筋骨架拉向模板，将垫块挤牢。对已产生露筋的地方，如范围不大的可用水泥砂浆分层抹平、压实；重要受力部位及较大范围的露筋，应会同设计单位，经技术鉴定后确定补救办法
钢筋网主、副筋位置放反	操作人员缺乏必要的结构知识，操作疏忽，使用时分不清主、副筋的位置应在上或在下，不加区别的就随意放入模内	布置这类结构或构件的绑扎任务时，要向有关人员和直接操作者作专门的交底。对已放错方向的钢筋、未浇筑混凝土的要坚决改正；已浇混凝土的必须通过设计单位复核后，再决定是否采取加固措施或减轻外加荷载

3. 混凝土工程质量通病及防治方法

（1）混凝土强度不符合设计要求

1）造成原因。

A. 配制混凝土所用原材料的材质不符合国家技术标准规定。

B. 拌制混凝土时没有法定检测单位提供的混凝土配合比试验报告，或操作中配合比有误。

C. 拌制混凝土时投料不按重量计量。

D. 混凝土运输、浇筑、养护不符合规范要求。

2）预控手段。

混凝土的质量应严格按照《混凝土质量控制标准》GBJ 50164—1992 进行控制。

A. 拌制混凝土所用水泥、粗（细）骨料和外加剂等均必须符合有关技术标准规定。使用前必须严格审核所选用材料出厂合格证书和试验报告，合格后方可使用；不同种类的水泥不准混用；胶结材料粗（细）骨料中有害物质含量及料径必须符合国家有关技术标准和规范规定。

B. 混凝土必须按法定检测单位发出的混凝土配合比试验报告进行配制。配制混凝土时不仅要有合格的原材料，而且还要有满足设计要求的配合比。

C. 配制混凝土必须计量准确，且应按重量计量投料。由于混凝土质量与配料计量的准确性关系密切，尤其混凝土强度值对水灰比的要求十分敏感，因此，施工中每一工作班至少要检查两次配料的精度。对水泥、外加剂溶液及外掺混合材料的计量误差为±2%；粗骨料的计量误差为±3%。

D. 混凝土拌和必须采用机械搅拌，加料顺序为粗骨料（碎石、卵石）—水泥—细骨料（砂）—水；严格控制搅拌时间。搅拌时间视混凝土的坍落度、搅拌机的机型和容积大小而定，一般情况下搅拌时间宜控制在 90s 以上。

E. 因为运输时间的长短对混凝土的浇筑及浇筑后凝结的快慢有直接影响，因此必须严格控制。如有离析现象，必须在浇筑前进行两次搅拌。目前正在逐步推广采用混凝土输送泵输送混凝土的先进工艺。

F. 控制好混凝土浇筑和振捣质量。浇筑混凝土前，在对模板位置、尺寸、垂直度以及支撑系统进行检查的同时，应把模板的缝隙和孔洞堵塞严密。如果是钢筋混凝土，还要核对钢筋的种类、规格、数量、位置、接头以及预埋件的数量，确认准确无误后，把模板上的垃圾、泥土等杂物及钢筋上的油污等清除干净，并在模板上浇水湿润，做好隐蔽工程验收记录后，方可浇筑混凝土。浇筑混凝土时，应控制混凝土的自由高度、分层浇灌的间隔时间。

（2）混凝土构件浇筑成型后，其混凝土表面产生蜂窝、孔洞

1）造成原因。

A. 模板表面不光滑，粘有硬水泥浆块等杂物。

B. 木模板在混凝土入模之前没有充分湿润。

C. 钢模脱模剂涂刷不均匀。

D. 模具拼缝不严密，致使浇筑的混凝土跑浆。

E. 混凝土拌合料中粗、细骨料级配不当，以及混凝土配合比失控、水灰比过大造成混凝土离析。

F. 振捣不当。

G. 浇筑高度超过规定。

2）预控措施。

A. 混凝土应准确、严格控制水灰比，投料要准，搅拌要均匀，和易性要好，入模后振捣要密实。

B. 模板表面应光滑、洁净，其上不得有硬的水泥浆等杂物，模板拼缝要严密。

C. 模板在浇筑混凝土前应充分湿润；钢模板应用水性脱模剂，涂刷必须均匀。

D. 钢筋过密部位应采用同强度等级细石混凝土分层浇筑，并应精心操作，确保振捣密实。

1.6 主体结构分部砌体子分部控制程序与方法（见图 4-12）

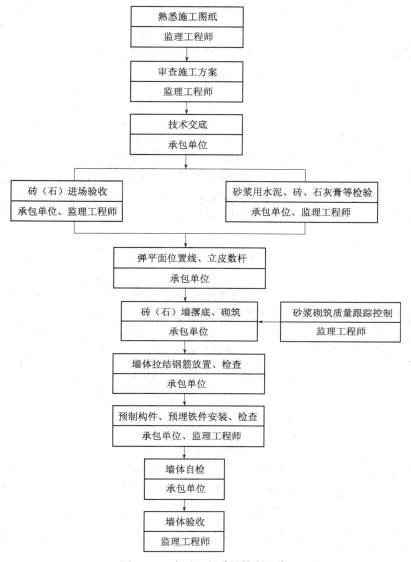

图 4-12 砖石工程质量控制程序

砌体工程质量通病及防治方法见表 4-8。

砌体工程质量通病及防治方法

表 4-8

通病名称	质量缺陷	产 生 原 因	防 治 方 法
砌体强度低	砖砌体的水平裂缝、竖向裂缝和斜边裂缝	1. 砖强度等级达不到设计要求（进场的烧结砖强度低，酥散） 2. 砂浆强度不合要求（水泥质量不合格、砂的含泥量大、砂浆配合比计量不准、砂浆搅拌不均匀）	1. 进场水泥、砖等要有合格证明，并取样复检符合要求 2. 砂子应满足材质要求，如使用含泥量超过规定的砂，必须增加机拌时间，以除去砂子表面上的泥土 3. 砂浆的配合比应根据设计要求种类、强度等级及所用的材质情况进行试配，在满足砂浆和易性的条件下控制砂浆的强度等级；砂浆应采用机械拌合，时间不得少于 1.5min 4. 白灰应使用经过熟化的白灰膏

通病名称	质量缺陷	产 生 原 因	防 治 方 法
砌体几何尺寸不符合设计图纸要求	1. 墙身的厚度尺寸达不到设计要求 2. 砌体水平灰缝厚度每10皮砖的累计数不符合验评标准的规定 3. 混凝土结构圈梁、构造柱、墙柱胀模	1. 砖的几何尺寸不规格 2. 对砖砌水平灰缝不进行控制 3. 砌筑过程中挂线不准 4. 混凝土模具强度低，导致浇筑后的混凝土结构胀模	1. 同一单位工程宜使用同一厂家生产的砖 2. 正确设置皮数杆，皮数杆间距一般为15～20m，转角处均应设立，严格控制皮数杆上的尺寸线 3. 水平与竖向灰缝的砂浆均应饱满，其厚（宽）度应控制在10mm左右 4. 浇筑混凝土前，必须将模具支撑牢固；混凝土要分层浇筑，振动棒不可直接接触墙体
组砌方法不准确	1. 砖柱砌筑成包心柱，里外皮砖层互不相咬，形成周边通天缝 2. 混水墙面组砌方法混乱中，出击通缝和"二层皮"，组砌形式不当，形成竖缝宽窄不均	1. 摁底排砖不正确 2. 由于混水墙，就忽视组砌方法 3. 砖柱砌筑没有按照皮数杆控制砌砖层数而造成砖墙错层	1. 控制好摆砖摁底，在保证砌砖灰缝8～10mm的前提下考虑到砖垛处、窗间墙、柱边缘处用砖的合理模数 2. 对混水墙的砌筑，要加强对操作人员的质量意识教育，砌筑时要认真操作，墙体内砖缝搭接不得少于1/4砖长 3. 半头砖要求分散砌筑，一砖或半砖厚墙体严禁使用半头砖 4. 确定标高，立好皮数杆，第一层砖的标高必须控制好，与砖层必须吻合
水平或竖向灰缝砂浆饱满度不合格	砌体砂浆不密实饱满，水平灰缝饱满度低于"规范"和"验评标准"规定的80%	1. 砂浆的和易性差直接影响砌体灰缝的密实和饱满度 2. 干砖上墙和砌筑操作方法错误，不按"三一"（即一块砖、一铲灰、一揉挤）砌砖法砌 3. 水平灰缝缩口太大	1. 改善砂浆和易性，如砂浆出现泌水现象，应及时调整砂浆的稠度，确保灰缝的砂浆饱满度和提高砌体的粘结强度 2. 砌筑用的烧结普通砖必须提前1～2天浇水率宜在10%～15%，严防干砖上墙使砌筑砂浆早期脱水而降低强度 3. 砌筑时要采用"三一"砌砖法，严禁铺长灰而使底灰产生空穴和摆砖砌筑，造成灰浆不饱满 4. 砌筑过程要求铺满口灰，然后进行刮缝
砌体结构裂缝	1. 砖砌体填充墙与混凝土框架柱接触处产生竖向裂缝 2. 底层窗台产生竖向裂缝 3. 在错层砖砌体墙上出现水平或竖向裂缝 4. 顶层墙体产生水平或斜向裂缝	1. 砌体材料膨胀系数不同并受温度影响产生结构裂缝 2. 由于窗间墙与窗台墙荷载差异、窗间墙沉降、灰缝压缩不一，而在窗口边产生剪力，在窗台墙中间产生拉力 3. 房屋两楼层标高不一时，由于屋面或楼板膨缩或其他因素而推挤，形成在楼层错层处出现水平裂缝或在纵墙上出现竖向裂缝 4. 顶层墙体因温差产生变形，或屋面、楼板设置伸缩缝而墙身未相应设置，以致墙体被拉裂产生斜向裂缝，或女儿墙根部产生水平方向裂缝	1. 对不同材料组成的墙应采取技术措施，混凝土框架柱与砖填充墙应采用钢丝网片连接加固，以解决受材料收缩量不均匀和伸缩变量不同而产生裂缝 2. 防止窗台竖向裂缝，是在窗台下砌体配筋 3. 屋面应严格控制檐头处的保温层厚度，顶层砌体砌完后应及时做好隔热层，防止顶层梁板受烈日照射变化因温差引起结构的膨胀和收缩 4. 女儿墙因结构层或保温层温差变化或冻融产生变形将女儿墙根推开而产生水平裂缝；在铺设结构层、保温层材料时，必须在结构层或保温层与女儿墙之间留设温度缝
烟道、排烟道堵塞串气	住宅工程的厨房、卫生间烟道烟（气）排不出去	1. 因操作不当，将砌筑砂浆、混凝土、砖块等杂物坠落在排烟（气）道内造成堵塞 2. 烟道内衬附管时，接口错位或接口处砂浆没有塞严，酿成串烟和串气	1. 砌筑附墙烟（气）道时，应使用烟道轴子来控制砂浆、混凝土和碎砖坠落烟道内 2. 做烟道内衬时应边砌边抹内衬或做勾缝，确保烟（气）道的严密性 3. 烟道附管应注意接口方法，承插口应对齐对中，承口周边的砂浆打口必须严密，组装管道应固定牢固 4. 烟（气）道的顶部应设置烟（气）道盖板，以加强烟（气）道的稳定性

续表

通病名称	质量缺陷	产 生 原 因	防 治 方 法
墙体渗水	1. 住宅围护墙渗水 2. 窗台与墙节点处渗水 3. 外墙透水	1. 砌体的砌筑砂浆不饱满、灰缝空缝，出现毛细通道形成虹吸作用；室内装饰面的材质质地松散易将毛细孔中的水分散开；饰面抹灰厚度不均匀，导致收水快慢不均匀；抹灰易发生裂缝和脱壳，分格条底灰不密实有砂眼，造成墙身渗水 2. 门窗口与墙连接密封不严，窗口天盘未设鹰嘴和滴水线，室外窗台板高于室内窗台板，室外窗台板未作顺水坡，而导致倒水现象 3. 后塞口窗框与墙体之间没有认真填塞和嵌抹密封膏，导致渗水 4. 脚手眼及其他孔洞堵塞不严	1. 组砌方法要正确，砂浆强度应符合设计要求，坚持"三一"砌砖法 2. 对组砌中形成的空缝，应在装饰抹灰前将空缝采用勾缝方法修整 3. 饰面层应分层抹灰，会格条应初凝后取出，注意压灰要密实，严防有砂眼或龟裂 4. 门窗口与墙体的缝隙，应采用如有麻刀的砂浆自下而上塞灰压紧（在寒冷地区应先填保温材料）；勾缝时要压实，防止有砂眼和毛细孔而导致虹吸作用；若铝合金和塑料窗应填塞保温材料 5. 门窗口的天盘应设置鹰嘴和滴水线 6. 脚手眼及其他孔洞，应用原设计的砌体材料按砌筑要求堵密实

1.7 装饰装修工程地面工程子分部控制程序与方法（见图 4-13）

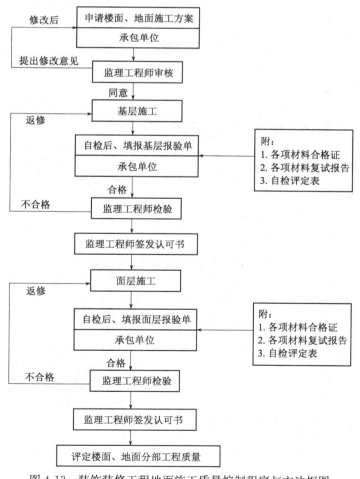

图 4-13 装饰装修工程地面施工质量控制程序与方法框图

1. 水泥砂浆和混凝土地面质量通病及防治措施（见表 4-9）

水泥砂浆和混凝土地面质量通病及防治措施 | 表 4-9

通病名称及现象	产 生 原 因	防 治 措 施
起砂（在表面出现一层松动的砂浆粉末，使表面粗糙，光洁度差）	1. 使用过期受潮水泥，其活性降低或水泥用量过多 2. 砂子粒度过细；骨料级配不好，使拌合物产生泌水、离析；砂子含泥量过大，减弱了表面强度 3. 砂浆搅拌不匀，水灰比过小或过大；压抹砂实 4. 养护不当；地面压光过早或过迟 5. 冬季压光表面出现冷凝水或早期受冻	选用变通水泥，标号不低于 32.5MPa，砂子选用粗、中砂、含泥量控制不超过 3%，基层使其湿润，并消除积水；严格控制砂浆及混凝土的水灰比（0.55 左右）；适当掌握压光时间，一般不少于三遍，分遍压实；表面加强覆盖浇水养护，不少于 7d，出现泌水时，表面撒级配良好的水泥砂浆且立即抹平压光，避免终凝后收光；冬季保持适当环境温度，防止表面形成冷凝水或受冻；大面积起砂，可用 108 胶加水泥浆涂抹修补
脱皮（硬化后，混凝土表面脱落起皮）	1. 混凝土早期受冻 2. 在泌水的混凝土表面上进行抹光操作或撒干水泥压光；砂子和水泥离析；操作时粘附一层薄混凝土 3. 收压隔夜砂浆；养护不好	使混凝土在冻结前达到 40% 强度；控制水灰比避免砂子和水泥离析；已出现泌水、离析时，适当撒干水泥压光；加强表面湿养护；大面积脱皮，可用 108 胶加水泥浆涂抹修补
表面起泡	1. 在混凝土面层下残留的空气未排出 2. 砂浆中砂子过细，较黏稠，残留有空气	适当降低砂率；铺抹时压实；一旦出现气泡，适当延迟遍压光时间，加强养护不少于 5 昼夜
起壳（面层与垫层间出现脱皮）	1. 基层灰渣层没有铲掉，没有冲洗干净，基层灰已突出表面，该处砂浆太薄 2. 基层未洒水湿润，过于干燥，或基层表面积水 3. 水泥层结合层涂刷过早，风化干结；水灰比过大	基层做到把灰冲洗干净，做面层前，洒水湿润，基层涂刷水泥浆一度，使均匀不积水，并及时铺设面层砂浆，水灰比不宜过大
不规则裂缝（面层出现部位不定、形状不一的不规则裂缝）	1. 水泥安定性不好或水泥用量过大；砂子粒度过细，引起泌水或砂子含泥量过大 2. 用撒水泥或水泥细砂的方法吸收水分；或采用不同品种、标号的水泥混杂使用 3. 垫层强度不够，结构变形、温度变形或地基下沉	1. 选用安定性好的水泥和级配好、含泥量小的中砂 2. 减少砂用量；水泥用量不宜过大 3. 避免单独使用水泥与细砂拌合作干撒料 4. 避免不同品种、标号的水泥混杂使用；保证垫层强度，采用减少结构、温度及地基变形的措施

2. 木质板块地面质量通病及防治措施（见表 4-10）

木质板块地面质量通病及防治措施 | 表 4-10

通病名称	现象及产生原因	防 治 措 施
板缝不严密	现象：木板面层板缝的缝隙十分明显 原因： 1. 木材含水率控制不严，铺设时木材含水率过大 2. 铺设时对接缝钉结不严密 3. 木材加工时的宽度不一致，有时大于允许偏差值，致使局部缝隙过大 4. 铺设时（油漆前）对木板面层的保护不好，阳光暴晒后使木板干缩、缝隙增宽	1. 对木材材质进行选择，并严格控制其含水量 2. 严格按照木质地板要点进行操作，钉子长度应为板厚的 2.5 倍 3. 铺设时，当有强烈阳光照射时应加以覆盖，防止阳光暴晒而产生裂缝

1.8 装饰装修工程抹灰工程子分部控制程序与方法（见图 4-14）

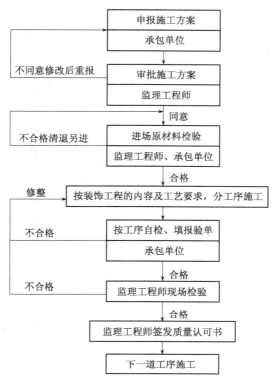

图 4-14 装饰装修工程抹灰质量控制程序与方法框图

一般抹灰常见质量通病、原因及防治方法（见表 4-11）

一般抹灰常见质量通病、原因及防治方法   表 4-11

通病名称	产 生 原 因	防 治 方 法
面层不平整、空鼓、裂缝	1. 砂的含泥量过大，各层用灰的配合比相差太大 2. 基体处理不当，清理不净，浇水湿润不足 3. 基体凹凸不平、偏差过大、孔洞修整不好，门窗安装不牢，位置不当且没有调整 4. 一次抹灰过厚，导致结合不牢 5. 砂浆和易性差，保水性差，硬化后粘结强度低 6. 抹灰操作不当，或没有分层抹灰	1. 抹灰基体（如墙面）凹凸不平，必须凿修平整，预留的孔洞和预埋件都必须校正准确、牢固；修补用水泥砂浆应为 1:3 2. 不同基层材料的交汇处的缝隙用水泥混合砂浆嵌缝抹平 3. 墙体与门窗交接处的缝隙用水泥混合砂浆嵌缝抹平 4. 混凝土墙体如果太光滑，则应凿毛或用 1:1 水泥砂浆掺加 10% 的 108 胶先抹一层 5. 基体上的污垢、隔离剂必须清除，墙体抹灰前应浇水湿润 6. 如砂浆的和易性、保水性差，应及时调整，可掺入少量的石灰膏或加气剂、塑化剂 7. 严格控制白灰的熟化时间：在常温下，白灰熟化时间不得少于 15d，用于罩面的白灰不得少于 30d 8. 严格控制抹灰的材料、配比、温度及操作
面层爆灰	1. 罩面后，压光过早，砂浆未收水就开始压光，压光后起泡 2. 基层底灰失水干燥，罩面灰抹后脱水快，造成起光效果不佳，罩面层的光滑度差，或出现抹子纹	1. 底层灰浆脱水后应浇水湿润，再涂一道素水泥浆，在素浆中加入 20% 的 108 胶，再做罩面 2. 待抹灰砂浆收水后终凝前进行压光

通病名称	产 生 原 因	防 治 方 法
护角不牢，阴、阳角不正	1. 抹灰时未认真做灰饼和冲筋 2. 阴、阳角两边没有冲筋，影响阴、阳角的垂直	1. 护角：室内墙面、柱面的阳角和门窗口的阳角，宜用1:2的水泥砂浆做护角，护角高度不应低于2m，每侧宽不应少于50mm 2. 阴、阳角：阳角应根据灰饼的厚度分层抹灰，并应在阳台处粘好八字靠尺用以找方吊直，用水泥砂浆找平，在水泥砂浆初凝之前，再用阳角器将水泥砂浆赶压光滑、平整、垂直，以使线角顺直清晰，阴角处应设标筋，用靠尺垂吊找准垂直度，再用阴角器将阴角赶压光滑、顺直、方正
混凝土顶棚裂缝、空鼓	1. 混凝土棚板的油污，杂物灰尘等清理不干净，打灰前对混凝土板浇水湿润不够 2. 抹灰前，对混凝土板未做修整与凿毛，过渡层灰浆与楼板粘结不牢	1. 基层清理 (1) 现浇或预制混凝土楼板表面上的灰尘、杂物必须清理洁净，油污和隔离剂等应用清水掺入10%的NaOH溶液洗刷干净； (2) 顶棚表面的凹凸和孔洞应采用1:2的水泥砂浆进行修整，确保抹灰前顶棚表面平整；如果顶板表面过于光滑应凿毛，以确保表面粗糙增强附着力，使抹灰层粘结牢固； (3) 对混凝土板清理和修整后，在抹灰的12～24h前先喷水湿润；抹灰时，应在顶棚洒水一遍，以保证有一定的温度。 2. 抹灰 (1) 刷素水泥浆一道（水溶液掺入3%～5%的108胶）； (2) 用1:3:9的水泥混合砂浆打底； (3) 表面可采用纸筋白灰膏或麻刀白灰膏（也可采用1:2.5水泥砂浆纹做防潮罩面）； (4) 抹灰时应垂直板缝（纹）顺纹方向涂抹；底灰的厚度控制在2～3mm内，严禁过厚。
装饰灰线结合不牢固、变形	现象： 装饰灰线变形（呈竹节状）不顺直、结合不牢固、空鼓、裂纹；表面粗糙、有蜂窝麻面 原因：1. 基层处理得不干净，存在有浮灰和污物，浇水不透、基层湿度差，导致砂浆失水过快或抹灰后没有及时养护而产生底灰与基层结合不牢；砂浆硬化过程缺水造成干裂；抹灰线的砂浆配合比不当；在底层面上未涂结合层，酿成空鼓 2. 靠尺松动，冲筋损坏，灰线表面不平，推拉灰线模用力不匀，手不稳定，导致灰线变形，不顺直 3. 推拉线模时喂灰不足，灰浆挤压不密实，罩面灰稠，推抹粗糙，使灰线表面产生蜂窝、麻面	1. 抹底灰之前应将基体表面清理干净，并应在抹灰前一天浇水，抹灰时再洒一遍水，以保证基体湿润 2. 抹灰线时应做一层水泥混合砂浆过渡结合层，并认真控制各层砂浆的配合比，推拉挤压要密实，使各层砂浆粘结牢固 3. 灰线模的形体要规整，线条清晰，工作面光滑，按照灰线的尺寸固定靠尺要平直、牢固，与线模紧密吻合，如有松动，应及时校正，推拉灰线用力要均匀，平衡搓压灰线 4. 推拉灰线模时喂灰应饱满，挤压严密，如有接槎和平整不良处，应采用细纸筋灰修补，再用线模赶平压光，使灰线表面密实、光滑、平顺、均匀、线条清晰，色泽一致
室外饰面抹灰层结合不牢固	现象： 室外饰面抹灰层结合不牢固、空鼓、裂纹、渗水，分格条不顺直；缺棱掉角、有砂眼；抹灰面层接槎明显，显出抹纹等缺陷	抹灰前的准备工作 1. 抹灰前应对基层进行修整，对孔洞、凹凸不平、缺棱、掉角等处必须用1:2的水泥砂浆修补平整，加气混凝土墙面缺棱掉角，先涂刷掺水泥重量20%的108胶的素水泥浆，再用1:1:6混合砂浆补平 2. 作为抹灰基层的墙面，抹灰前应浇水，并应均匀确保基体湿润 3. 对于混凝土和加气混凝土墙面，在抹灰前应普遍涂刷一道108胶素水泥浆粘结层，以增加附着力 4. 抹灰之前，门窗洞口处应挂垂线和水平线，分格条也应弹水平线和垂线

续表

通病名称	产 生 原 因	防 治 方 法
室外饰面抹灰层结合不牢固	原因： 1. 基层处理不干净，浇水不透，影响砂浆与基体的粘结程度，粘结不牢固 2. 砂浆失水快，抹灰一次成活，没有分层操作或每层抹灰间隔太近 3. 抹灰各层压得不实，分格条未做勾缝，有砂眼和裂纹导致渗水 4. 在基层灰面上没有弹出统一的水平和垂直分格线，木分格变形，起条时操作不当，造成分格缝的口边错缝的口边错缝和缺棱	抹灰： 1. 对抹灰砂浆应控制和易性和保水性，以保证抹灰质量 2. 抹灰必须采取分层作法，各层均应压实，以提高抹灰层的密实度；砂浆已硬化时不允许再用抹子用力搓抹 3. 抹底层灰用扛尺刮平，抹灰层应分两次涂抹刮平，最后一遍应压实，一次抹灰必须控制抹灰层的厚度，防止空鼓、开裂 4. 底层和结合层的抹灰达到六七成干、表面灰浆发白后，即可罩面；面层砂浆用木抹子抹平，在水泥砂浆终凝前压光 5. 分格条的深度、宽度应均匀一致，表面光滑、无砂眼、错缝、毛刺 细部处理： 1. 外窗台、窗楣、雨篷、阳台、压顶、泛水檐和突出腰线等的上面应做顺水坡，下面应做滴水线、滴槽或止水线；滴水线（或称鹰嘴）是在下口边沿抹成锐角，滴水线应顺直；滴水槽是在下口边沿水平面上贴木板条或塑料条（俗称厘米条） 2. 分格条的深度，宽度应均匀一致，表面光滑，无砂眼，错缝、毛刺，缺棱、掉角，周边交接严密，横平顺直，接槎位置应设在变形缝、阴阳角及水落背后等不明显处

1.9 装饰装修工程门窗子分部控制程序与方法（见图 4-15）

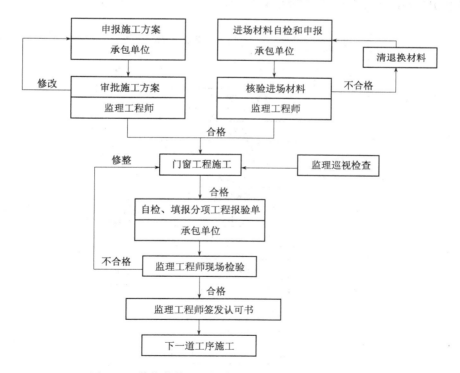

图 4-15 装饰装修工程门窗质量控制程序与方法框图

铝合金门窗安装常见质量通病、现象、造成原因及防治方法见表4-12。

铝合金门窗安装常见质量通病、现象、造成原因及防治方法   表 4-12

通病名称	现象及造成原因	防 治 措 施
窗框周边用水泥砂浆嵌缝	现象：窗框周边与墙体（留洞洞口）的缝隙用水泥砂浆填实 原因：未认真阅读图纸，凭经验常规施工	1. 严格按图施工 2. 门窗框四周因为弹性连接，至少应填充20mm厚的保温软质材料，同时避免门窗框四周形成冷热交换区 3. 门窗内框边均应留槽口，用密封胶填压实；严禁用水泥砂浆直接同门窗框接触，以防腐蚀门窗框
带形组合门窗之间产生裂缝	现象：带形组合门窗，在使用后不久，组合处产生裂缝 原因：组合外搭接长度不足，在受到温度及建筑结构变化时，产生裂缝	横向及竖向带形窗、门之间组合杆件必须同相邻门窗套插、搭接，形成曲面组合，其搭接量应大于8mm，并用密封胶密封，这样，可防止门窗因受冷热和建筑结构变化而产生裂缝
砖砌墙体用射钉紧固门窗铁脚	现象：砖砌墙体用射钉连接门窗框铁脚，不牢固 原因：因砖砌墙体不均质，有灰缝，射钉锚固不牢	当门窗洞口为砖砌墙体时，应在砌筑墙体时预埋与砖块同体积的预制混凝土块，再用射钉固定铁脚，不得直接在砖墙砌体上用射钉固定
外墙面推拉窗槽内积水，发生渗水	现象：常发生在雨后或窗玻璃结露之后 原因：未钻排水孔，窗台未留排水坡或密封胶过厚掩埋了下边框，阻塞了下边框，阻塞了排水孔	1. 下框外框和轨道根应钻排水孔；横竖框相交接缝应注硅酮胶封严 2. 窗下框与洞口间隙的大小，应根据不同饰面材料留设，一般间隙不少于50mm，使窗台能放流水坡；切忌密封掩埋框边，以避免槽口积水无法外流
灰浆玷污门窗框	现象：已安装的门窗框被施工时的灰浆玷污 原因：门窗框保护条在粉刷前被撕掉，粉刷时又未受采取遮掩措施	1. 室内外粉刷未完成前，切忌撕掉门窗框保护胶带 2. 门窗套粉刷或室内外刷浆时，应用塑料膜等遮掩门窗框 3. 门窗框上沾上灰浆，应及时用软质布抹除，切忌用硬物刨刮

1.10 地下防水子分部控制程序与方法（见图4-16）

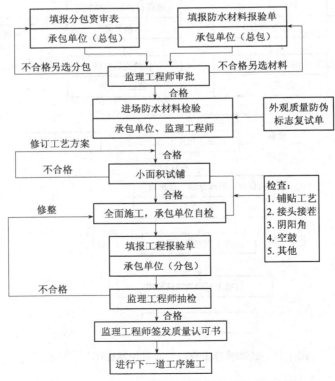

图 4-16 地下防水工程质量控制程序与方法框图

防水涂料防水屋面常见质量通病、原因及防治措施见表 4-13

防水涂料防水屋面常见质量通病、原因及防治措施

表 4-13

通病名称	产 生 原 因	防 治 措 施
开裂	1. 普通板面裂缝，由于制作起模、堆放、运输、吊装过程中操作不善，养护不良，受力不匀等引起 2. 混凝土水灰比大，密实性差，因温度干缩而引起裂缝 3. 预应力板由于放张卡模、反拱等原因造成板面出现横向或四角斜向裂缝 4. 基层刚度不够，抗弯能力差，未按规定留设分格缝	屋面板制作起模、堆放、运输、吊装过程中，应注意采取防裂措施，防止粘模、卡模；堆放时要避免斜放或支座不在同一直线上；运输吊装中，防止碰撞，吊点位置不正确，板受力不匀；加强板的养护，保证脱模、吊装强度，板制作时要严格控制水灰比，加强捣实，控制温差，以减轻温度收缩应力不使过大，屋面按规定留设分格缝 治理方法：裂缝用环氧胶泥或加贴玻璃丝布封闭
渗漏	1. 槽瓦未与檩条挂住，受振动下滑 2. 自防水屋面板上搭接长度不够，搭接缝口过大，横缝、屋脊盖瓦坐灰不当 3. 基层处理不当，灌缝不满，粘结不牢 4. 防水涂料质量差，涂层过早老化、脆裂、起皮、不能起到保护板面防渗的作用	板的安装接缝，应严格按设计要求和规范规定进行施工，板缝必须洁净干燥，涂刷冷底子油干后，及时冷嵌或热灌油膏，使粘结牢靠，选用质量稳定性能优良的嵌缝材料和防水涂料 治理方法：由于槽瓦下滑或搭接长度不够，缝口过大，坐灰不当引起渗漏，根据原因采取拉结、加挡水条、用油膏嵌填或砂浆坐实后，加贴油毡覆盖等措施，板面涂料选择不好，则铲除重刷防水涂料
粘结不牢	1. 基层表面不平整、不清洁、涂料成膜度不够 2. 基层上过早涂料或铺贴玻璃丝毡片（或布），使涂料与砂浆之间粘结力降低 3. 基层过分潮湿，水分蒸发缓慢，不利于成膜 4. 涂料变质或施工时遇雨淋 5. 采用连续作业施工，工序之间未经必要的间歇	基层做到平整、密实、清洁、涂料一次成膜，厚度不宜小于 0.3mm，也不大于 0.5mm，砂浆达到 0.5MPa 以上强度，才允许涂刷涂料或贴玻璃丝毡片（布）；基层表面不得有水珠，同时避免在雾天、雨天施工；避免使用变质、失效的涂料；防水层施工完毕后应有 7d 以上的自然干燥时间 治理方法：将玻璃丝毡片（布）掀开，并埋设一部分木砖，清扫干净，得新粘贴，并用镀锌铁皮第把防水层钉固
起泡	1. 基层过分潮湿（有水珠）或在湿度大的天气操作 2. 基层不平，玻璃丝毡片（布）未拉紧贴实 3. 涂料施工时，温度过高或涂刷过厚，表面结膜过快，内层的水分难以逸出而形成气泡	基层应平整，表面不应过分潮湿，选择晴朗和干燥的天气施工，避免在炎热天气中操作，涂料涂刷厚度要适度，一次成膜的湿厚度应小于 1mm；铺贴玻璃丝毡片（布）应做到边倒涂料边摊铺，边压实平整 治理方法：将气泡部位割开重新铺贴结实，表面加玻璃丝毡片（布）一层覆盖、补牢
破损	1. 施工顺序安排不当 2. 涂料防水层较薄，施工中未作保护，对涂料防水层进行养护	坚持按施工顺序施工，待屋面上各道工序完成后，再铺贴防水层；防水层施工完后，应养护、保护，一周内禁止上人 治理方法：已破损的防水层清理干净后，在其上用涂料铺贴玻璃丝毡片（布）1~2 层，再刷一道涂料，随撒细砂保护层

1.11 屋面分部控制程序与方法（见图 4-17）

屋面找平常见质量通病、原因及防治方法见表 4-14

平瓦屋面防水质量通病及防治方法见表 4-15

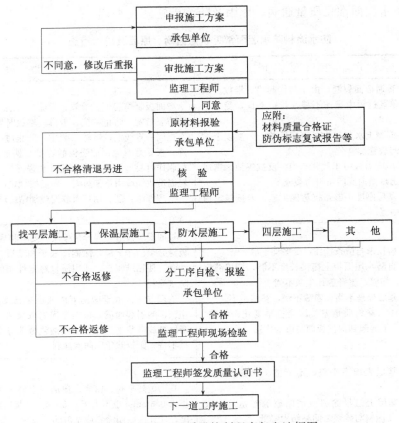

图 4-17　屋面工程质量控制程序与方法框图

屋面找平常见质量通病、原因及防治方法		表 4-14
通病名称	现象与产生原因	防 治 方 法
屋面找平层不符合要求	现象：主要质量缺陷是整体水泥砂浆找平层强度低、起砂、裂缝、积水。 原因： 1. 找平层不留分格缝 2. 突出屋面构造物的根部做成直角，影响防水层的铺设 3. 屋面积水产生的原因主要是找平层没有按规定放坡 4. 用于找平层的砂浆配合比不准确，砂浆强度低，导致起砂	1. 应严格控制砂浆配合比、水泥安定性以及砂子的含泥量，以确保找平层的强度 2. 整体水泥砂浆找平层必须留置分格缝 3. 分格缝的纵、横间距不宜大于 6m，缝宽约为 20mm（如兼作排气道时，应适当加宽并应与保温层相通）；如是预制结构，要注意分格缝留置的位置应在预制板支承边的拼缝处 4. 基层与突出屋面的连接处以及基层的转角处，施工时均应精心做成 100～150mm 的圆弧形或钝角 5. 屋面（含天沟、檐沟）找平层的坡度必须符合设计要求，如设计无要求时，天沟的纵向坡度不宜小于 5‰，内部排水沟水落口周围应做成略低的凹坑

平瓦屋面防水质量通病及防治方法		表 4-15
通病名称	产 生 原 因	防 治 措 施
渗漏	1. 屋面坡度不够 2. 基层木料刚度不足产生挠曲变形，铺设不平 3. 木基层上油毡残缺破裂，未铺钉牢固 4. 瓦的质量差，缺楞掉角，存在砂眼、裂缝、翘曲、张口等缺陷 5. 铺设时坐浆不满，盖缝不严，同时瓦缝未避开主导风向 6. 檐头挂瓦篥钉铺设偏低，檐口木基层上的油毡未盖过檐板，易使雨水流入檐口内部 7. 泛水、天沟、斜沟处理不当	1. 屋面坡度应严格按设计要求施工，基层应牢固，避免上瓦后变形 2. 木基层上另铺油毡，做到完整无缺 3. 选用合格的瓦材，脊瓦底部填塞平稳，坐浆饱满 4. 檐口瓦要求出檐尺寸一致，檐头高度相同，整齐平直，屋面要求瓦楞整齐且檐口垂直，无翘角和张口现象，并做好檐沟、斜沟、封山与砖烟囱与屋面交接处的泛水处理 5. 檐口瓦与油毡做到盖过封檐板不小于 150mm，瓦的搭接缝应顺主导风向

1.12 钢结构子分部控制程序与方法（见图4-18，图4-19）

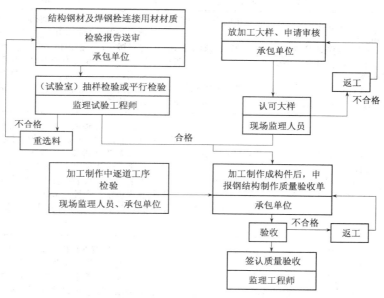

图4-18 钢结构工程加工制作质量控制程序与方法

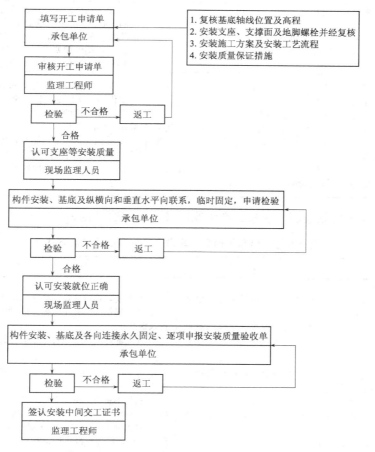

图4-19 钢结构工程安装工作质量控制程序与方法

1. 钢结构工程常见通病、现象、产生原因及防治方法（见表 4-16）

钢结构工程常见通病、现象、产生原因及防治方法　　　表 4-16

通病名称	现象及产生原因	防治措施
构件运输堆放变形	现象：构件在运输或堆放时发生的变形出现 原因： 1. 构件制作时因焊接而产生变形，一般呈缓弯 2. 构件运输过程中因碰撞而产生变形，一般呈现死弯 3. 构件垫点不合理，如上、下垫木不垂直等，堆放场地发生沉陷，使构件产生死弯或缓弯变形	1. 构件发生死弯变形时，一般采用机械矫正治理，即用千斤顶或其他工具矫正或辅以氧乙炔火焰烤后矫正，一般应以工具矫正为主 2. 结构发生缓弯变形时，可采用氧乙炔火焰加热矫正，火焰烘烤时，线状加热多用于矫正变形量较大的结构；三角形加热常用于矫正厚度较大、刚性较较强构件的弯曲变形
构件拼装扭曲	现象：构件拼装后全长扭曲超过允许值 原因： 1. 节点角钢或钢管不吻合，间隙过大 2. 拼接工艺不合理	1. 节点处理型钢不吻合，应用氧乙炔火焰烤或用杠杆加压方法调直，达到标准后，再进行拼装 2. 在现场拼装，应放在较坚硬的场地上用水平仪抄平；拼装时构件全长应拉通线，并在构件有代表性的点上用水平尺找平，符合设计尺寸后，应电焊点固焊牢；刚性较差的构件，翻身前要进行加固；构件翻身后应进行找平，否则，构件焊接后无法矫正
构件起拱不准确	现象：构件起拱值大于或小于设计值 原因： 1. 构件制作角度不准确 2. 构件尺寸不符合设计要求 3. 起拱数值较小，拼装时易忽视	1. 严格按钢结构构件制作允许偏差检验，如拼接点处角度有误，应及时处理 2. 在小拼过程中，应严格控制累计偏差，注意采取措施消除焊接收缩量的影响 3. 钢屋架或钢梁拼装时，应按规定起拱
构件跨度不准确	现象：构件跨度值小于设计值 原因： 1. 构件制作尺寸偏大或偏小 2. 小拼件累计偏差造成跨度不准 3. 钢尺不统一	1. 由于构件制作偏差起拱与跨度发生矛盾时，应先满足起拱数值；为保证起拱和跨度数值正确，必须严格检查构件制作尺寸的精确度 2. 小拼构件偏差必须在中拼时消除 3. 构件在制作、拼装、吊装中所用的钢尺应统一
焊接变形	现象：拼装构件焊接后翘曲变形 原因： 1. 结构中焊缝布置不对称 2. 结构刚度大的焊接变形小，刚度小的变形大，由于构件刚度不均匀，变形不一致，产生翘曲 3. 焊接电流、速度、方向以及焊接时装配卡具有结构变形均有影响	1. 为了抵消焊接变形，可在焊接前进行装配时，将工作面与焊接变形相反的方向预留偏差 2. 采用合理的焊接顺序控制变形，不同的工件应采用不同的顺序 3. 采用夹具或专用胎具，将构件固定后再进行焊接，构件翘曲可用机械矫正法和氧乙炔火焰加热法进行矫正，可参照"构件运输、堆放变形的通病防治措施"

2. 高强螺栓安装常见通病、现象、产生原因及防治方法（见表 4-17）

高强螺栓安装常见通病、现象、产生原因及防治方法　　　表 4-17

通病名称	现象及产生原因	防治措施
螺栓丝扣损伤	现象：螺栓丝损损伤，螺杆不能自由旋入螺母内 原因：丝扣严重锈蚀损伤，螺纹间有油污杂质	1. 使用前，螺栓应进行挑选，清洗除锈后作好预配 2. 丝扣损伤的螺栓不能做临时螺栓使用，严禁将它强行打入螺孔 3. 预先配好的螺栓组件应按套存放，使用时不得互换
紧固力矩不准确	现象：按规定力矩拧紧后，螺栓仍达不到紧固效果 原因： 1. 电动或手动扳手不准确，选用工具不合理 2. 螺孔不重合 3. 紧固工艺不合理	1. 定期校正电动扳手或手动扳手的扭矩，其偏差不得大于 5% 2. 螺孔不重合或有偏差时，应经过修整或用冲子将孔位找正，确保孔壁对螺栓杆不产生过大的摩擦和挤压 3. 紧固顺序一般应从节点刚度较大的部位向约束较少的部位进行，由螺栓群中间向两端依次对称紧固，有两个连接构件时，应先拧主要构件，后紧固次要构件

1.13 建筑设备安装工程控制程序与方法（见图 4-20，图 4-21）

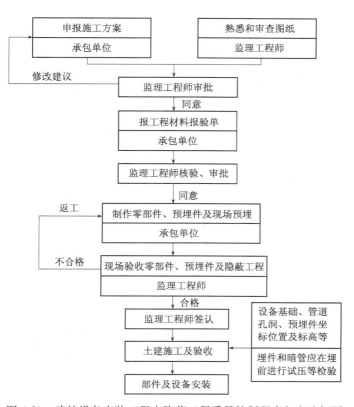

图 4-20 建筑设备安装工程中隐蔽工程质量控制程序与方法框图

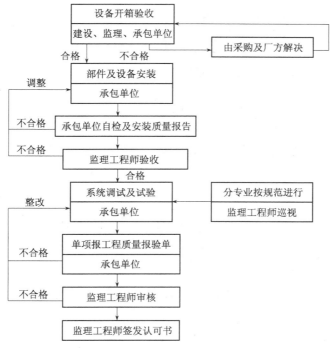

图 4-21 建筑设备安装工程中部件及设备安装质量控制程序

1.14 室外工程管网（地下管线）控制程序与方法（见图4-22，图4-23）

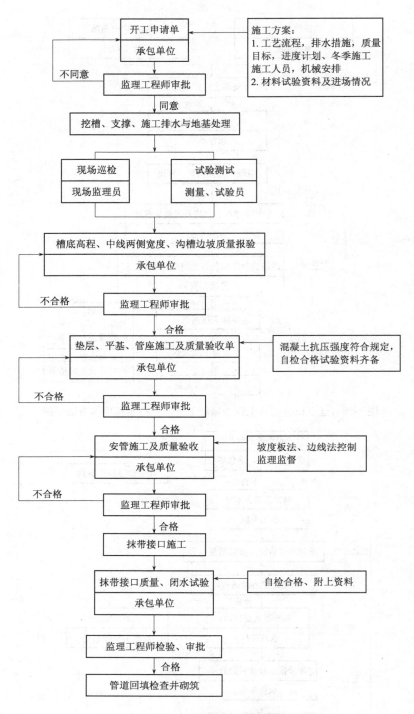

图 4-22 地下管线质量控制程序与方法框图

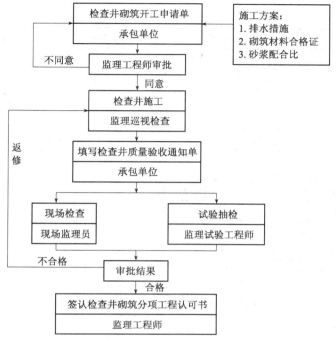

图 4-23　沟槽回填质量控制程序与方法与框图

1.15　室外工程道路控制程序与方法（见图 4-24，图 4-25，图 4-26）

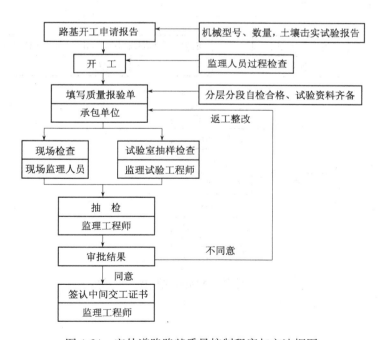

图 4-24　室外道路路基质量控制程序与方法框图

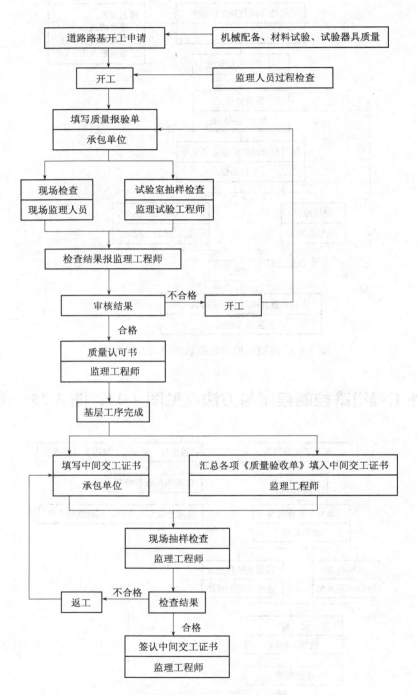

图 4-25　道路基层质量控制程序与方法框图

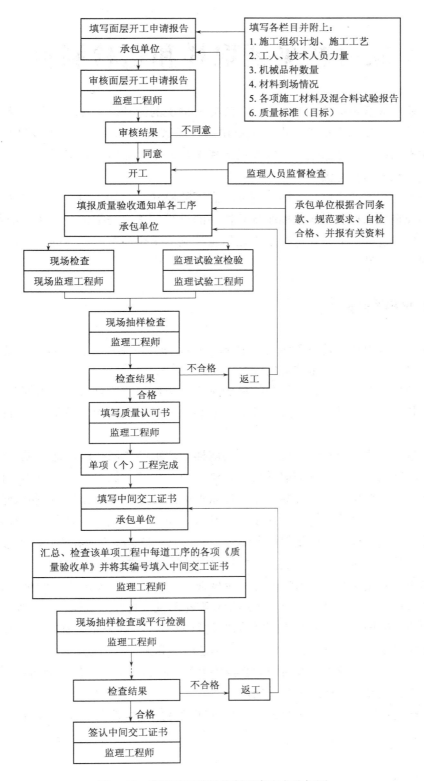

图 4-26　道路面层质量控制程序和方法框图

原材料见证取样和送检制度

见证是由监理人员现场监督某工序全过程完成情况的活动。见证取样和送检是指在建设单位或工程监理单位人员的见证下，由施工单位的现场试验人员对工程中涉及结构安全的试块、试件和材料在现场取样，并送至经过省级以上建设行政主管部门对其资质认可和质量技术监督部门对其计量认证的质量检测单位。

见证取样制度含有两个过程，即在见证状态下的取样过程和送检过程。取样是按有关技术标准、规范的规定，从检验对象中抽取试验样品的过程；送检是指将试样从现场移交给有检测资格的试验单位的过程。取样和送检是工程质量控制的重要环节，试样的真实性、代表性直接影响检测数据的公正性。

2.1 见证取样程序

（1）见证人员应由项目监理部的专业技术人员担任并应由项目监理部书面通知施工单位、检测单位和负责该项工程的质量监督机构。

（2）涉及结构安全的试块、试件和材料的见证取样数量应符合有关技术规范、标准和有关规定的要求，其中30％应由监理人员指定；当对材料质量，加工制作质量有怀疑时应另行见证取样送检。

（3）施工单位取样人员在现场进行原材料取样和加工制作取样时应通知见证人员，见证人员必须到现场实施见证取样。见证取样后应在试样或其包装上做出标识、封志。标识和封志应标明工程名称、取样部位、取样日期、样品名称和样品数量，并由见证人员和取样人员签字。

（4）施工单位委托试验任务时，应填写委托单，委托单上应注明日期、工程名称、试件名称、规格、数量、使用部位、质量保证书编号等，见证人与送检人应在委托单上签名。

（5）见证人员必须对试样进行监护，并采取有效的封样措施进行送样。

（6）检测单位在接受委托试验任务时，应核查委托单的内容及试样上的标识、标志，确认无误后方可进行检测。对无见证人员签名的检验委托单及未封样的试样一律拒收。

（7）检测单位应按照有关规定和技术标准进行检测，出具公正、真实、准确的检测报告。检测单位应在检验报告单的备注栏内注明见证单位名称和见证人员的姓名，并加盖检测专用章。未注明见证单位名称和见证人员姓名的检验报告无效，不得作为质量保证资料和竣工验收资料。

（8）见证人员应制作见证纪录并归档。

（9）对试样的代表性和真实性及试验报告的准确性发生争议时，应另行指定具有法定资格的检测部门重新取样检测。

2.2 见证取样范围

2000年9月，原建设部颁布了《房屋建筑工程和市政基础设施工程实行见证取样和送检的规定》，对见证取样和送检作了以下规定：

（1）涉及结构安全的试块、试件和材料见证取样和送检的比例不得低于有关技术标准中规定应取样数量的30％。

（2）下列试块、试件和材料必须实施见证取样和送检：

1）用于承重结构的混凝土试块；

2）用于承重墙体的砌筑砂浆试块；

3）用于承重结构的钢筋及连接接头试件；

4）用于承重墙的砖和混凝土小型砌块；

5）用于拌制混凝土和砌筑砂浆的水泥；

6）用于承重结构的混凝土中使用的掺加剂；

7）地下、屋面、厕浴间使用的防水材料；

8）国家规定必须实行见证取样和送检的其他试块、试件和材料。

（3）见证人员应由建设单位或该工程的监理单位具备建筑施工试验知识的专业技术人员担任，并应由建设单位或该工程的监理单位书面通知施工单位、检测单位和负责该项工程的质量监督机构。

（4）在施工过程中，见证人员应按照见证取样和送检计划，对施工现场的取样和送检进行见证，取样人员应在试样或其包装上作出标识、封志。标识和封志应标明工程名称、取样部位、取样日期、样品名称和样品数量，并由见证人员和取样人员签字。见证人员应制作见证记录，并将见证记录归入施工技术档案。见证人员和取样人员应对试样的代表性和真实性负责。

（5）常用建筑材料的见证取样。

1）钢筋。

每批钢筋应由同一牌号、同一炉批号、同一规格的钢筋组成。热轧带肋钢筋、热轧光圆钢筋、低碳钢热轧圆盘条和余热处理钢筋均按批进行见证抽样复验，每批总量均不大于60t。

2）钢筋接头。

钢筋闪光对焊接头应按同一台班内，由同一焊工完成的300个钢筋焊接接头作为一批，每批随机切取6个试件，3个做拉伸试验，3个做弯曲试验。

钢筋电弧焊接头应按300个同接头形式、同钢筋级别的接头作为一批，每批随机切取3个试件做拉伸试验。

3）水泥。

按同一生产厂家、同一等级、同一品种、同一批号且连续进场的水泥，袋装不超过200t为一批，散装水泥不超过500t为一批，每批见证取样不少于一次。

4）混凝土试块。

用于检查结构构件混凝土强度的试件，应在混凝土浇筑地点随机抽取，取样与试件留置应符合下列规定：①每拌制100盘且不超过100m³的同一配合比的混凝土，取样不得少于一次；②当一次连续浇筑超过1000m³时，同一配合比的混凝土每200m³取样不得少于一次；③每次取样应至少留置一组标准养护试件，同条件养护试件的留置组数应根据实际需要确定。每组为3个试块。

5）砌筑砂浆试块。

承重墙砌筑砂浆试块按同类砌体、同强度等级、同一台搅拌机进行见证取样。砌筑砂浆的验收批按施工段划分且不大于 250m³ 砌体，每个验收批的砂浆试块不应少于 3 组（当只有一组试块时，强度平均值必须大于或等于设计强度），每组 6 个试块，28d 标准养护。在砂浆搅拌机出料口随即取样，同盘砂浆只应制作一组试块，每台搅拌机应至少取样一次。

6）砖。

每一生产厂家的砖到现场后，按烧结砖 15 万块、多孔砖 5 万块、灰砂砖及粉煤灰砖 10 万块各为一验收批，每批取样抽检数量为一组。每组 10 块砖，5 块做抗压试验，5 块做抗折试验。

7）防水混凝土。

用于检查混凝土抗渗的试件，应在混凝土浇筑地点随机抽取，取样与试件留置应符合下列规定：连续浇筑 500m³ 应留置一组抗渗试件，每组 6 个试块，且每项工程不得少于两组。采用预拌混凝土的抗渗试件，留置组数应视结构的规模和要求而定。

8）防水材料。

防水材料见证取样时还应该核查技术鉴定书。

2.3 见证人员的职责

（1）取样时，见证人员必须在场实施见证；

（2）见证人必须对试样进行监护；

（3）见证人应采取有效的封样措施进行送样；

（4）见证人必须在检验委托单上签字。

旁 站 监 理

旁站与巡视都是监理人员对施工现场进行检查的手段。旁站是在关键部位或关键工序施工过程中,由监理人员在现场进行的监督活动。巡视是监理人员对正在施工的部位或工序在现场进行的定期或不定期的监督活动。

3.1　旁站监理

根据《房屋建筑工程施工旁站监理管理办法(试行)》的通知(建市〔2002〕189号)文件规定,旁站监理是指监理人员在工程施工阶段监理中,对关键部位、关键工序的施工质量实施全过程现场跟班的监督活动。旁站是监理员最重要的工作方式。

(1)旁站监理的依据。

1)建设工程相关法律法规。

2)相关技术标准、规范、规程。

3)建设工程承包合同文件、委托监理合同。

4)经批准的设计文件、施工组织设计、监理规划和监理实施细则。

(2)旁站监理工程部位。

房屋建筑工程的关键部位、关键工序,在基础工程方面包括:土方回填,混凝土灌注桩浇筑,地下连续墙、土钉墙、后浇带及其他结构混凝土、防水混凝土浇筑,卷材防水层细部构造处理,钢结构安装;在主体结构工程方面包括:梁柱节点钢筋隐蔽过程,混凝土浇筑,预应力张拉,装配式结构安装,钢结构安装,网架结构安装,索膜安装。建设单位、设计文件、合同文件中规定的必须旁站监理的部位或工序。

在建筑与安装工程的施工过程中,对隐蔽工程的隐蔽过程,下道工序施工完成后难以检查的重点部位,全部实行旁站监理。

对安装工程中,各专业系统的各类现场试验和调试,全部实行旁站监理。

(3)旁站监理的内容。

1)检查施工企业现场质检人员到岗、特殊工种人员持证上岗以及施工机械、建筑材料准备情况;

2)在现场跟班监督关键部位、关键工序的施工执行施工方案以及工程建设强制性标准情况;

3)核查进场建筑材料、建筑构配件、设备和商品混凝土的质量检验报告等,并可在现场监督施工企业进行检验或者委托具有资格的第三方进行复验;

4)做好旁站监理记录和监理日记,保存旁站监理原始资料,具体见《房屋建筑工程施工旁站监理管理办法(试行)》附表。

(4)旁站监理程序。

1)在编制监理规划后,应及时制定旁站监理方案,报送建设单位和施工单位各一份,同时抄送工程所在地的建设行政主管部门或其委托的工程质量监督机构。

2）要求施工单位在需要实施旁站监理的关键部位、关键工序进行施工前24小时，书面通知工程现场项目监理机构。工程项目监理机构安排监理人员实施旁站监理。

3）旁站监理人员应认真履行职责，对实施旁站监理的关键部位、关键工序在施工现场跟班监督，及时发现和处理旁站监理过程中出现的质量问题，如实准确的做好旁站监理记录。凡旁站监理人员和施工企业现场质检人员未在旁站监理记录上签字的，不得进行下一道工序施工。

4）旁站监理人员实施旁站监理时，发现施工单位有违反工程建设强制性标准行为的，有权责令其立即整改，发现其施工活动已经或者危及工程质量的，应及时向监理工程师或总监理工程师报告，由总监理工程师下达局部暂停施工指令或者采取其他应急措施。

5）对于需要旁站监理的关键部位、关键工序施工，凡没有实施旁站监理或者没有旁站监理记录的，监理工程师或者总监理工程师不得在相应文件上签字。

6）在工程竣工验收后，监理单位应将旁站监理记录存档备查。

3.2　旁站监理方案实务模拟案例

以某工程主体结构工程施工旁站监理方案为例，简介内容要点。

工程概况见项目3沉管灌注桩监理实施细则实例二。

3.2.1　编制依据

（1）原建设部关于印发《房屋建筑工程施工旁站监理管理办法（试行）》的通知（建市〔2002〕189号）；

（2）监理规划；

（3）监理细则；

（4）工程特点，施工进度情况，施工合同、监理合同对本工程质量方面的要求。

3.2.2　旁站监理的范围

本工程的业主某市房地产某企业，对质量的要求严格，根据合同要求，本工程质量均应达到合格标准，针对本工程特点，旁站范围增加：主体结构的梁柱节点、钢结构、屋面防水、各装饰线条。根据某二期工程施工进度计划，2003年1月1日起，1号、3号、4号、5号楼将进行10层以上结构工程施工，2号楼将进行7层以上结构工程施工，以及本工程后续各分部的施工。本工程旁站范围见表4-18：

旁站范围表　　　　　　　　　　　　　　　　　　　　　　　　表4-18

幢　号	1号、3号	2号	4号、5号	总　体
需旁站的范围	1. 主体结构梁柱节点、大梁、大板钢筋隐蔽过程 2. 主体结构混凝土 3. 钢结构安装 4. 屋面、卫生间防水 5. 细部结构的施工	1. 主体结构梁柱节点钢筋隐蔽过程 2. 主体结构混凝土及后浇带 3. 钢结构安装 4. 屋面、卫生间防水 5. 细部结构的施工	1. 主体结构梁柱节点钢筋隐蔽过程 2. 主体结构混凝土 3. 屋面、卫生间防水 4. 细部结构的施工	回填土

3.2.3 旁站监理程序

上述旁站监理部位、工序，施工单位应于施工前 24 小时（特殊情况不少于 12 小时）通知监理处，由监理处具体安排监理人员旁站，交班时监理人员填写"旁站记录表"，并由施工单位质检员签认，施工单位方可进行下一道工序施工。施工单位未通知监理处旁站擅自予以隐蔽的工序和部位，监理处有权要求进行重新检查，直至合格同意隐蔽，且由此产生的后果由施工单位负责。

3.2.4 旁站监理的内容

1. 主体结构梁柱节点、钢筋隐蔽过程

（1）钢筋焊工必须有焊工考试合格证，并在规定范围内进行焊接操作。

（2）钢筋如有铁锈或油污应先除锈、去污。

（3）检查安装的钢筋品种、规格、间距（数量）是否符合设计图纸要求。

（4）检查钢筋锚固长度、搭接长度是否符合设计要求，见 03G101-1

抗震设计要求最小锚固长度、最小搭接长度应符合表 4-19 规定。

最小锚固长度、最小搭接长度 表 4-19

抗 震 等 级	钢筋最小锚固长度 L_{aE}	钢筋最小搭接长度 L_{lE}
一、二级	$L_a + 5d$	$1.2L_a + 5d$

（5）抗震箍筋末端应做 135° 弯钩，弯折的平直长度不小于 15d。

（6）钢筋连接应符合以下规定：

1）焊接连接：

本工程钢筋连接方式：

所有裙房框架柱、塔楼框支柱、框支梁均采用机械连接；

1 号、2 号、3 号楼 13.4m 标高以下，4 号、5 号楼 8.8m 标高以下的所有剪力墙暗柱、端柱均采用机械连接；

1 号、2 号、3 号、4 号、5 号楼顶部的所有暗柱、端柱均采用机械连接；

所有直径≥28mm 的钢筋均采用机械连接；

除以上注明的钢筋连接方式外，其余钢筋连接均采用搭接。

接头设置应符合 GB 50204—2002 与 03G101-1 的要求。

2）绑扎、安装

认真检查并遏止工程上普遍存在的梁柱钢筋骨架尺寸负偏差的通病。

梁柱箍筋弯钩叠合处，应沿受力方向错开设置，悬挑梁箍筋弯钩朝下。

当钢筋需要代换时，应征得设计单位同意，并符合有关规范要求（不能随意用强度等级较高的代换原设计中的钢筋）。

受力钢筋的混凝土保护层厚度是保证混凝土结构耐久性的重要一环，应符合设计要求，无要求时应符合表 4-20 规定：

钢筋保护层（mm） 表 4-20

部 位	基础（有垫层）	楼 板	梁、过梁	柱	剪力墙（外墙外侧）	剪力墙（其他部位）
厚度	35	15	25	30	25	15

还应注意检查框架的梁端、柱端和核心区这些易破坏区域的加密箍筋间距，受力钢筋锚固长度以及弯折前的水平锚固长度。安装顺序应正确，箍筋间距均匀，不得出现烧割钢筋。

梁纵向钢筋净间距，净排距

净间距：面筋：$a \geq d$ 且 $\geq 30mm$；底筋：$a \geq d$ 且 $\geq 25mm$；

净排距：面筋：$a \geq d$ 且 $\geq 30mm$；底筋：$a \geq d$ 且 $\geq 25mm$。

因工程需要，需植筋时，应检查其使用的材料，监督其施工整个流程。安装钢筋完毕后，应按图进行全面检查验收、评定，其中钢筋位置的允许偏差应符合表 4-21 规定：

钢筋位置的允许偏差（mm）　　　　表 4-21

项　目		允　许　偏　差
受力钢筋的排距		±5
钢筋弯起点位置		20
箍筋、横向钢筋间距	绑扎骨架	±20
	焊接骨架	±10
焊接预埋件	中心线位置	5
	水平高差	+3 0
受力钢筋的保护层	柱、梁	±5
	板、墙	±5

2. 主体结构混凝土

为预防混凝土裂缝，本工程主体结构采用商品混凝土塔吊吊运，除 4 号楼楼板混凝土采用碎石外，其余墙柱、楼板混凝土均采用卵石。设计商品混凝土坍落度墙柱为 $110 \pm 20mm$，楼板为 $90 \pm 20mm$。

（1）混凝土浇筑前准备。

1）钢筋、模板、预埋件以及水电等有关专业施工全部完成后，检查施工单位现场质检人员到岗、特殊工种人员持证上岗、施工机械和建筑材料的准备情况，当满足要求时，签发混凝土浇捣令。

2）检查各种材料（含配合比）是否符合要求，劳动力、施工机具（如振动棒等）数量充足到位。

3）清除模内杂物，模板浇水湿润（一般应提前半天），但不得有积水。

（2）商品混凝土质量控制。

1）混凝土到场时首先检查其配合比报告单（强度等级、各种配料情况是否符合设计要求），其次检查其坍落度（是否符合设计要求），当检查均符合要求后在开盘鉴定单上签字，同意混凝土开始浇筑。

2）商品混凝土浇筑地点，在卸料前应中、高速旋转搅拌筒约 1min，使混凝土拌合均匀。

3）混凝土试样应在卸料过程中卸料量的 1/4～3/4 之间采取：

混凝土拌合物的质量：每车应目测检查；当目测正常时，混凝土坍落度检查每 100m³ 相同配合比混凝土取样检验不得少于一次；当一个工作班相同配合比的混凝土不足 100m³ 时，其取样检验不得少于一次；当目测检查有异常时，可随时进行坍落度检验；检查不合格的混凝土应做退场处理。

混凝土试块的见证制作：强度试块按每 $100m^3$ 相同的配合比的混凝土取样不得少于一组；每一个工作班相同配合比的混凝土不足 $100m^3$ 时，取样亦不得少于一组。抗渗试块按连续浇筑同配合比、同抗渗等级混凝土量在 $500m^3$ 以下时，取样不得少于两组，且每部位的取样不得少于两组。当每增加 $250\sim500m^3$ 混凝土时，应增加两组试样，当混凝土增加量在 $250m^3$ 以内时，不再增加试样组数。

混凝土从泵车中卸出到浇筑完毕的延续时间不宜超过表 4-22：

从泵车中卸出到浇筑完毕的延续时间 　　　　　　　　　　　　　　　　表 4-22

混凝土强度等级	气 温	
	≤25℃	>25℃
≤C30	120（210）	90（180）
>C30	90（180）	60（150）

注：1. 当混凝土中掺有缓凝剂时，其允许时间应根据试验结果确定；
　　2. 括号内数据仅用于混凝土运输、浇筑和间歇的允许时间，当超过时应留置施工缝。

混凝土浇筑过程严禁直接往泵车中加水。

（3）混凝土浇筑。

1）剪力墙混凝土：除按一般原则进行以外，还应注意以下原则：

混凝土浇捣应分两层或以上进行，不得一次浇筑到位（一般约 1 小时后进行第二层）。门窗洞口应以两侧同时下料，高差不能太大，以防止洞口模板移动，先浇捣窗台下部，后浇捣窗间墙，以防止窗台下部出现蜂窝、孔洞。

对墙厚≤100 或消防栓背后墙，浇捣时不得直接往里卸料，应卸在外部后逐渐铲入，并插捣密实，预防蜂窝、孔洞产生。

由于塔吊吊运吊斗会经常碰撞墙柱筋，还应注意钢筋、预埋件的位置准确性，有移位时及时督促施工单位调整到位。

施工缝一般情况下留至梁底，无梁处留至板底 $2\sim3cm$ 处。由于部分过梁较深，当梁高大于 500 时，同意浇梁高的下半部。其余部分当浇筑过高时应督促及时清理。

1 号、3 号、4 号、5 号楼楼梯采用大模施工，为了交叉顺畅，浇筑后及时拆除大模安装梯板模板。应严格控制拆除时间，在全部浇完 12 小时后才允许拆除。

栏板、泛水、挑板等零星构件混凝土跟随墙柱混凝土一起浇捣，旁站时应检查其栏杆预埋件预埋位置的准确性。

由于浇筑时间较长，还应督促对已浇筑墙、柱头混凝土的浇水养护工作，一般在浇筑完 12 小时后进行。

检查施工员、看模、看筋人员到岗情况。

2）楼板混凝土浇捣：

钢筋的位置准确：部分板块面筋易被踩变形，要求采用竹屏铺设保护，放料时尽量避免人为踩筋，对于被踩的部分应及时督促施工单位给予修正，确保在隐蔽之前完成。对于露筋、负筋弯钩翘起，墙柱筋、栏杆筋、插筋偏位的也应督促修正。

检查混凝土振捣是否正常，能否保证混凝土密实性；混凝土振捣梁、柱、墙头部分宜先振捣，板块宜在 $1\sim2$ 小时后再振，严禁采用振动棒赶料。适时还应用铁滚筒滚压两遍以上，再用木磨子搓平两遍以上，最后用扫帚将表面扫粗。

由于浇筑时间较长，工作面展开较大，还应检查接缝情况，避免衬凝的产生。

测板厚、板高至少按板块的 10% 抽检，应在 ±5mm 以内。

浇筑时应经常观察模板、支架、钢筋、预埋件和预留孔洞的情况，当发现有变形、移位时应立即停止浇筑，并应在已浇筑的混凝土凝结前修整完好。

如遇特殊情况无法连续浇筑时，应留置施工缝，留置位置应符合规定。在施工缝连续施工时应符合下列规定：①混凝土抗压强度大于 $1.2N/mm^2$；②清除松动表面物，并充分冲洗干净，且不积水；③浇筑前铺一层水泥浆或与混凝土内相同的水泥砂浆。

对已浇筑可以养护的部位应及时督促覆盖薄膜养护。

遇雨天时应及时督促做好防雨措施。

检查、督促施工员、看筋、看模人员的到岗情况。

3. 钢结构安装

根据本工程钢结构实际特点，钢结构施工中需要旁站的过程是预埋件预埋、钢结构构件吊装过程、焊缝无损探伤检测过程。

（1）钢结构预埋件预埋过程旁站：

1）复查预埋件材料、尺寸是否符合设计要求；

2）要求施工单位的质检员到场；

3）在质检员自检基础上，核查预埋件预埋位置、数量是否符合设计要求；

4）检查预埋件与主体结构主筋连接否符合设计、施工规范要求；

5）做好旁站记录，及时将预埋情况报告监理工程师，并督促施工单位及时做好隐蔽记录。

（2）钢结构构件吊装过程旁站：

1）检查质检安全员到位情况；

2）复查在吊装危险区域内是否有无关人员；

3）检查吊装设备、机具，如卷扬机、滑轮是否处在良好的状态下运行；

4）检查吊装方法是否按审批过的吊装方案执行；

5）检查吊装过程中是否会破坏构件；

6）根据吊装过程的情况，做好旁站记录，及时将构件吊装情况报告监理工程师。

（3）焊缝无损探伤检测全过程旁站：

1）检查探伤设备是否有经过省级计量单位检验且是否在有效期内；检查探伤操作人员的上岗证；

2）检查探伤方法是否符合设计施工规范要求；

3）核查探伤位置是否符合规范及施工方案要求，在图纸上做好探伤位置记录；

4）核查探伤比例是否符合要求；

5）做好旁站记录，及时将检测情况报告监理工程师，并督促探伤单位及时出具钢结构探伤报告。

4. 细部结构的施工

本工程细部结构为：线条、栏板、平台板、构造柱、后浇带等部分，因其对装饰质量等影响大，因此必须给予高度重视，应对以下几个部分给予重点关注：

（1）对线条施工过程中各种工序设置停止点：

1）立模前，应调整各种预埋钢筋，安装钢筋，使其符合要求，并对新旧混凝土接触处进行凿毛处理，冲洗干净，检查合格后，方可隐蔽立模；

2）必须保证模板的结构尺寸，因细部结构过小，必要时需预留浇灌洞口；

3）浇灌前，应提前几小时浇水湿润，浇灌混凝土时不积水；

4）浇灌时，控制下料顺序、数量，确保振捣密实；

（2）对各种洞口，如预留洞口、外脚手架洞口、附着点洞口等，在填补时，必须清理干净，浇水湿润；采用细石混凝土，强度提高一级，根据需要添加微膨胀剂。

（3）后浇带：除满足以上（1）、（2）中的主要内容外，尚要按设计要求控制二次浇捣时间，对支模情况进行认真的检查，混凝土等级提高一级，按要求添加 HEA 微膨胀剂。

5．屋面、卫生间防水层施工

本工程屋面防水层结构为涂膜防水、SBS 防水卷材；卫生间防水层主材为聚氨脂涂膜。施工过程的监控：

（1）防水材料已经过报验且符合要求。

（2）上岗人员均有上岗证。

（3）基层施工应符合以下规定：

1）找平层表面应压实平整，排水坡度应符合设计要求。采用水泥砂浆找平层时，水泥砂浆抹平收水后应二次压光，充分养护，不得有酥松、起砂、起皮现象。

2）基层与突出屋面结构（如墙、立墙、变形缝、烟囱等）的连接处，以及基层的转角处（水落口、檐口、天沟、檐沟，尾脊）等，均应做或圆弧形半径≥20mm。内部排水的水落口周围应做成略低于 20mm 的凹坑。

3）平层应设分格缝（缝宽宜为 20cm，基其间距≤6m），分格缝应嵌填密封材料。

4）屋面、卫生间基层应干燥、干净，一般含水率以小于 8％为宜。

5）伸出屋面、卫生间的管道、设备或预埋件等，应在防水层施工前安设完毕，屋面、卫生间防水层完工后，应避免在其上凿孔打洞。

（4）涂膜施工应符合下列规定：

1）防水涂膜应分层分遍涂布，待先涂的涂层干燥后，方可涂布后一遍涂料。其总厚度应达到设计要求。

2）涂层应厚薄均匀、表面平整。

3）涂层中平铺胎体增强材料时，宜边涂边铺胎体，胎体应刮平排除气泡，并与涂料粘牢。在胎体上涂布涂料时，应使涂料浸透胎体，覆盖完全，不得有胎体外露现象。

4）施工顺序应先做节点、附加层，然后再进行大面积涂布。

5）屋面转角及立面的涂层，应薄涂多遍，不得有流淌、堆积现象。

6）天沟、檐沟、檐口、泛水等部位，均应加铺有胎体增强材料的附加层。水落口周围与屋面交接处，应作密封处理，并加铺两层有胎体增强材料的附加层，涂膜伸入水落口的深度不得小于 50mm。

7）涂膜防水层的收头应用防水涂料多遍涂刷或用密封材料封严。

8）可采用涂刮或喷涂施工。当采用涂刮施工时，每遍涂刮的推进方向宜与前一遍相互垂直。涂膜防水层应与基层粘接牢固，无空鼓、开裂、脱层及收头不严等缺陷。

9）多组分涂料应按配合比准确计量，搅拌均匀，已配成的多组分涂料应及时使用。配料时可加入适量的缓凝剂或促凝剂来调节固化时间，但不得混入已固化的涂料。

10）在涂层中夹铺胎体增强材料时，位于胎体下面的涂层厚度不小于 1mm；最上层的涂层不应小于两遍。

11）防水涂膜严禁在雨天施工；五级风及其以上时不得施工。溶剂型涂料施工环境气温为−5～35℃；水乳型涂料宜为 5～35℃。

12）在涂膜实干前，不得在防水层上进行其他施工作业，涂膜防水屋面上不得直接堆放物品。

（5）卷材防水施工旁站时应督促施工单位做到：

1）铺贴 SBS 防水卷材严禁在雨天施工。

2）铺贴卷材前，应在基层上涂刷基层处理剂，当基层较湿润时，应涂刷湿固化胶贴剂或潮湿界面隔离剂。喷、涂应均匀一致、不露底，待表面干燥后，方可铺贴卷材。

3）施工顺序应先做节点、附加层，然后再进行大面积铺贴。

4）铺贴时应展平压实，卷材与基面和各层卷材间必须粘贴紧密，刮平排除气泡，长短边搭接宽度必须符合规范规定，接缝粘贴严密。

5）屋面转角及立面的涂层，应薄涂多遍，不得有流淌、堆积现象。

6）天沟、檐沟、檐口、泛水等部位，均应加铺附加层。水落口周围与屋面交接处，应作密封处理，并加铺两层附加层。

3.2.5 回填土

（1）防水层、管道预埋已通过隐蔽验收且基层卫生已清理干净。

（2）回填土的质量应符合设计和样品的要求，通过目测、手感和嗅觉来判定。

（3）每一层铺土厚度符合要求，一般约 200～250mm。

（4）每一层夯实后要经常密实度测定，经抽检实测符合要求后才允许下一道施工。

（5）要求做好防水措施，如遇雨天及时压实已填部分土层或将表面压光，做成一定坡势，排除雨水。

3.2.6 旁站监理人员主要职责

旁站监理人员应履行的主要职责是：检查施工企业现场质检人员到岗、特殊工种人员持证上岗以及施工机械、建筑材料准备情况；在现场跟班监督关键部位、关键工序的施工执行施工方案以及工程建设强制性标准情况；核查进场建筑材料、建筑构配件、设备和商品混凝土的质盘检验报告等，并可在现场监督施工企业进行检验或者委托具有资格的第三方进行复验；做好旁站监理记录和监理日记，保存旁站监理原始资料。

3.2.7 附件：旁站监理记录表

旁站监理人员安排表　　　　　　　　　　　　　　　　表 4-23

幢　　号	旁站人员名单	联　系　电　话
1 号楼	×××	
2 号楼 2 区	×××	
2 号楼 3 区	×××	
3 号楼	×××	
4 号楼	×××	
5 号楼	×××	
专业监理工程师	×××	

旁站监理记录表   表 4-24

工程名称：

日期及气候：	工程地点：
旁站监理的部位或工序：	
旁站监理开始时间：	旁站监理结束时间：

施工情况：

_____

监理情况：

_____

发现问题：

_____

处理意见：

_____

备注：

施工企业： 项目经理： 质检员（签字）： 　　　　　年　　月　　日	监理企业： 项目监理机构： 旁站监理人员（签字）： 　　　　　年　　月　　日

实 训 课 题

实训 1. 模拟情境，编制见证取样方案。

实训 2. 模拟情境，编制单位工程分部（子分部）工程质量控制程序。

复习思考题

1. 见证取样制度的内容是什么？

2. 监理实务文件的种类与内容有哪些？

项目 5

安 全 监 理

能力要求： 通过学习，更加增强顶岗工作的岗位职责意识和协同工作理念，能在专业监理工程师的指导下积极参与并完成安全监理实施细则的编制，内容系统规范，并能够通过全监理细则理解和应用方面的专业测试，能力评价达到及格水平以上。

安全监理的责任和必须履行的义务

　　安全监理的含义指的是具有相应资质的工程监理单位受建设单位（业主）的委托，按照法律、法规和工程建设强制性标准实施监理，对所监理工程的施工安全生产进行监理。

　　监理单位的法定代表人对本单位监理工程项目的安全生产监理工作全面负责，总监理工程师对工程项目的安全生产监理工作负总责，并根据工程项目特点，确定具体安全工作监理人员，明确其工作职责。安全工作监理人员在总监理工程师的领导下，从事安全生产监理工作。

　　建设工程安全监理关于监理的基本概念、性质、工作程序与工程监理质量控制的原则是相同的。

　　《建筑法》、《建设工程安全生产管理条例》、《中华人民共和国安全生产法》、《建设工程监理规范》、《关于落实建设工程安全生产监理责任的若干意见》等法规、规范的规定，无论监理合同中有无约定，安全监理工作已成为监理单位的责任和必须履行的义务已是不争的事实。我们现在要做的是，如何在投入较少的人力、物力的前提下，能对建筑施工安全进行比较全面、系统的监控（面）；能对建筑施工容易引发重大安全事故的关键环节、工序、部位和操作工艺进行旁站监理、安全监督和检查（点），避免安全事故的发生。也就是说如何抓好安全监理的"点"与"面"的工作。

1.1　施工阶段安全监理的主要责任和义务

　　（1）监理企业应当依法对建筑工程实施安全监理，对违反国家规范和强制性标准的行为，未采取措施制止导致工程安全事故发生，应承担由监理过失或工程质量事故引发的安全事故的相应责任；

　　（2）总监理工程师对工程项目的安全监理负总责，工程项目监理人员按照规定，对所承担的安全监理工作负责；

　　（3）监理工程师应当按照《建设工程监理规范》的要求，采取旁站、巡视和平行检验等形式，对施工单位执行安全生产的法律、法规和标准、规范及落实安全生产责任制、施工安全措施等情况进行监理，并对施工现场易发生事故和薄弱环节进行重点监控；

　　（4）监理工程师在实施监理过程中，发现存在重大事故隐患的应当要求施工单位停工整改，对重大事故隐患不及时整改的，应当立即向建设行政主管部门报告。

1.2　施工阶段安全监理方面的主要工作内容

　　（1）总监理工程师审核施工单位的施工组织设计（方案）中关于安全管理的内容及安全技术措施，并提出监理审批意见；

　　（2）总监理工程师应督促施工单位落实安全施工的组织保证体系，检查建立健全安全施工责任制情况；

（3）施工出现了安全隐患或安全文明施工管理混乱，事故不断，总监理工程师认为有必要停工以消除隐患时，可签发停工令；

（4）专业监理工程师督促施工单位对工人进行安全施工教育及对分部分项工程的安全进行技术交底；

（5）专业监理工程师检查并督促施工单位按照建筑施工安全技术标准和规范要求，落实分部分项工程各工序及关键部位的安全防护措施；

（6）专业监理工程师应督促施工单位检查施工现场的消防、冬季防寒、夏季防暑、文明施工、卫生防疫等工作；

（7）专业监理工程师发现施工单位违章冒险作业要责令其停止作业，发现有安全隐患部位责令其停工整改。

1.3 关键环节、工序、部位的安全监理

（1）建筑高空架设作业的安全监督检查。

建筑高空架设作业是指建筑、安装、维修施工中 2m 以上的脚手架搭设、拆除、其中提升设备的架设、拆除及高空作业等。专业监理工程师要检查施工单位是否按照审查过的施工组织设计（方案）及安全技术措施进行作业，要求架子工、提升设备安装工必须持证上岗，检查所有现场施工人员是否使用安全网、安全帽、安全带，避免因这类作业引起的高空作高空坠落、物体打击等伤亡事故的发生。

（2）起重机械作业的安全检查。

专业监理工程师检查起重机械是否经过安检部门的验收并取得安全使用许可证，要求驾驶人员必须持证上岗，避免因物体打击、机械设备倒塌等造成人员伤亡事故的发生。

（3）用电作业的安全检查。

专业监理工程师检查施工中是否正确的安全用电，各施工用临时用电线、电缆的架设、各用电设备是否符合安全用电要求，要求电工必须持证上岗，避免因触电造成人员伤亡事故的发生。

（4）机械设备的安全检查。

专业监理工程师检查施工用机械设备是否处于正常运行状态，是否正确使用，有无有效的安全防护装置，要求使用相应设备的人员必须持证上岗，避免因使用机械设备不当造成人身伤害的事故发生。

（5）建筑施工洞口和建筑周边临时安全防护的检查。

专业监理工程师检查施工中的楼梯口、电梯口、预留洞口、通道口等各种洞口及建筑物周边临空位置的安全防护措施是否落实，避免人员及物体坠落造成人员伤亡事故的发生。

（6）高空施工时对周围环境的安全检查。

专业监理工程师检查现场周围是否设有安全警示标志，现场周围不安全区域有无搭设临时防护设施，避免物体坠落伤及工地周围行人。

（7）深基坑支护的安全检查。

专业监理工程师检查基坑支护、坑边防护等安全技术措施的落实情况，避免因土方开挖后基坑坍塌、人员和物体坠落造成人身伤害事故的发生。

施工安全监理基本实务

2.1 组织机构和人员的职责和要求

监理企业行政负责人对本企业监理工程项目的安全监理工作全面负责。项目总监理工程师对工程项目的安全监理工作负责，并根据工程项目特点，确定施工现场具体安全监理人员，明确其工作职责。安全监理人员在总监理工程师的领导下，从事施工现场日常安全监理工作。安全监理人员须经安全监理业务教育培训，考核合格，持证上岗。

2.2 安全监理文件的编制

监理企业编制的项目监理规划应包含安全监理方案，并明确安全监理内容、工作程序和制度措施。编制的监理实施细则应包含安全监理的具体措施。

对于 5m 以上深基坑、连续排架面积 100m² 以上模板及支撑架体、悬挑和附着升降式脚手架、拆除爆破、大型结构或设备吊装、施工起重机设备装拆等高危作业（以下简称高危作业），以及技术复杂、专业性较强、安全施工风险大的工程，应单独编制安全监理实施细则。

2.3 安全监理的"面"

建筑施工安全管理是一项复杂的系统工程，各省、市的施工安全监管部门、科研机构、专家经过大量的研究，提出了多种管理体系。对施工企业的安全施工进行全面的监理。

建筑施工安全管理一般可以划分为以下 13 项内容：

（1）安全生产责任制。

（2）目标管理。

（3）施工组织设计。

（4）分部分项工程安全技术交底。

（5）安全检查。

（6）安全教育。

（7）班前安全活动。

（8）特种作业持证上岗。

（9）工伤事故处理。

（10）安全标志。

（11）安全防护临时设施费与准用证管理。

（12）各类设备设施验收及检测记录。

（13）文明施工。

这13项内容涵盖了建筑施工安全管理的全部内容，是一个科学、全面、系统化的管理，而不是片面、支离破碎的管理。

安全监理工作是对施工企业安全施工行为的监督和管理，所以我们对照以上13项内容，对施工单位的安全施工工作进行检查、监督、管理，就是一个全面的安全监理，做好了覆盖安全监理全局的"面"的工作。我们设计了对以上13项内容进行监理的检查记录表格供大家参考。

01 安全生产责任制综合检查记录

02 目标管理综合检查记录

03 施工组织设计综合检查记录

04 分部分项工程安全技术交底综合检查记录

05 安全检查综合检查记录

06 安全教育综合检查记录

07 班前安全活动综合检查记录

08 特种作业持证上岗综合检查记录

09 工伤事故处理综合检查记录

10 安全标志综合检查记录

11 安全防护临时设施费与准用证管理综合检查记录

12 各类设备设施验收及检测记录综合检查记录

13 文明施工综合检查记录

01 安全生产责任制综合检查记录

工程名称
监理单位

序　号	检　查　项　目	检　查　结　果
1	各级管理人员安全生产责任制	
2	管理人员花名册	
3	各部门安全生产责任制	
4	各级各部门及管理人员安全生产责任制考核办法	
5	各级各部门及管理人员安全生产责任制执行情况与考核记录	
6	经济承包合同	
7	各工种安全技术操作规程	
8	安全员资格	
9	安全值班（安全值班制度、安全值班表、安全值班记录）	
10	项目经理安全资格	
11	施工企业安全资格	
12	建筑工程安全报监书	
13	公司管理制度	
14	项目部与职工签订的安全生产合同	

检查人 （安全监理工程师）		检查日期	年　月　日

02 目标管理综合检查记录

工程名称
监理单位

序　号	检　查　项　目	检　查　结　果
1	安全管理目标	
2	安全责任目标分解	
3	安全责任目标考核规定	
4	安全责任目标考核记录	
检查人 （安全监理工程师）		检查日期　　　　年　　月　　日

03 施工组织设计综合检查记录

工程名称
监理单位

序　号	检 查 项 目		检 查 结 果
1	施工组织设计		
2	专业性较强项目安全施工组织设计（方案）	（1）临时用电工程	
		（2）脚手架工程	
		（3）基坑支护	
		（4）模板工程	
		（5）起重吊装工程	
		（6）塔吊	
		（7）物料提升机	
		（8）其他垂直运输设备	
检查人（安全监理工程师）		检查日期	年　月　日

04 分部分项工程安全技术交底综合检查记录

工程名称
监理单位

序　　号	检　查　项　目	检　查　结　果
1	基础工程	
2	主体工程	
3	屋面工程	
4	装饰工程	
5	门窗工程	
6	脚手架工程	
7	临时用电工程	
8	垂直运输机械	
9	施工机具及设备	
10	水暖、通风工程	
11	电气安装工程	
12	防火工程	
13	其他工程	
14	各工种安全技术交底	
15	建筑机械使用安全技术交底	
检查人 （安全监理工程师）		检查日期	年　月　日

05 安全检查综合检查记录

工程名称
监理单位

序 号	检 查 项 目		检 查 结 果
1	安全检查制度		
2	安全检查记录	（1）建筑施工生产事故隐患整改通知书	
		（2）隐患整改报告书	
		（3）责令停止违法行为通知书	
3	建筑施工安全检查评分标准（JGJ 59—1999）	JGJ 59—1999 表 3.0.1 建筑施工安全检查评分汇总表	
		JGJ 59—1999 表 3.0.2 安全管理检查评分表	
		JGJ 59—1999 表 3.0.3 文明施工检查评分表	
		JGJ 59—1999 表 3.0.4-1 落地式外脚手架检查评分表	
		JGJ 59—1999 表 3.0.4-2 悬挑式脚手架检查评分表	
		JGJ 59—1999 表 3.0.4-3 门型脚手架检查评分表	
		JGJ 59—1999 表 3.0.4-4 挂脚手架检查评分表	
		JGJ 59—1999 表 3.0.4-5 吊篮脚手架检查评分表	
		JGJ 59—1999 表 3.0.4-6 附着式升降脚手架（整体提升架或爬架）检查评分表	
		JGJ 59—1999 表 3.0.5 基坑支护安全检查评分表	
		JGJ 59—1999 表 3.0.6 模板工程安全检查评分表	
		JGJ 59—1999 表 3.0.7 "三宝"、"四口"防护检查评分表	
		JGJ 59—1999 表 3.0.8 施工用电检查评分表	
		JGJ 59—1999 表 3.0.9 物料提升机（龙门架、井字架）检查评分表	
		JGJ 59—1999 表 3.0.10 外用电梯（人货两用电梯）检查评分表	
		JGJ 59—1999 表 3.0.11 塔吊检查评分表	
		JGJ 59—1999 表 3.0.12 起重吊装安全检查评分表	
		JGJ 59—1999 表 3.0.13 施工机具检查评分表	
检查人（安全监理工程师）		检查日期	年　月　日

06 安全教育综合检查记录

工程名称
监理单位

序 号	检 查 项 目	检 查 结 果
1	安全教育与培训制度	
2	职工安全教育培训花名册	
3	职工安全教育档案	
4	施工管理人员年度安全培训考核记录	
5	职工安全上岗证	

检查人 （安全监理工程师）		检查日期	年 月 日

07 班前安全活动综合检查记录

工程名称
监理单位

序　号	检　查　项　目	检　查　结　果
1	班前安全活动制度	
2	班前安全活动记录	
3		
4		
5		
检查人 （安全监理工程师）		检查日期	年　月　日

08 特种作业持证上岗综合检查记录

工程名称
监理单位

序　　号	检　查　项　目	检　查　结　果
1	特种作业人员管理制度	
2	特种作业人员花名册	
3	特种作业人员证件管理	
4		
5		

检查人 （安全监理工程师）		检查日期	年　月　日

09 工伤事故处理综合检查记录

工程名称
监理单位

序　号	检　查　项　目	检　查　结　果
1	工伤事故报告、调查处理和统计制度	
2	施工现场职工伤亡事故月报表	
3	伤亡事故及重大未遂事故记录	
4	因工伤亡事故调查处理结案审批表	
5	职工意外伤害保险	

检查人 （安全监理工程师）		检查日期	年　月　日

10 安全标志综合检查记录

工程名称
监理单位

序 号	检 查 项 目	检 查 结 果
1	安全标志台账	
2	施工现场安全标志布置总平面图	
3		
4		
5		
检查人 （安全监理工程师）		检查日期	年 月 日

11 安全防护临时设施费与准用证管理综合检查记录

工程名称
监理单位

序　号	检　查　项　目	检　查　结　果
1	安全防护、临时设施费与准用证管理制度	
2	安全防护、临时设施费统计表	
3	安全防护用具及机械设备准用管理	
4		
5		

检查人 （安全监理工程师）		检查日期	年　月　日

12 各类设备设施验收及检测记录综合检查记录

工程名称
监理单位

序　号	检　查　项　目	检　查　结　果
1	脚手架验收记录	
2	模板工程验收记录	
3	基坑支护验收记录	
4	安全防护设施验收记录	
5	临时用电验收记录	
6	塔吊验收记录	
7	物料提升机验收记录	
8	外用电梯验收记录	
9	施工机具验收记录	
10	起重机械安全装置检测记录	
11	漏电保护器检测记录	
12	接地电阻检测记录	
13	绝缘电阻检测记录	
14	电工巡视维修记录	
15	垂直运输机械交接班记录	
16	临时设施验收表	
检查人 （安全监理工程师）		检查日期	年　月　日

13 文明施工综合检查记录

工程名称
监理单位

序 号	检 查 项 目	检 查 结 果
1	文明施工管理制度	
2	门卫制度、交接班记录及外来人员登记簿	
3	宿舍管理制度	
4	消防制度	
5	动火审批手续	
6	治安保卫制度及责任分解	
7	七牌二图	
8	施工现场排水平面图	
9	卫生责任制	
10	食堂人员健康证	
11	急救措施、急救员上岗证	
12	卫生防病宣传教育材料	
13	夜间施工手续	
14	施工防尘防噪声及不扰民措施	
检查人 (安全监理工程师)		检查日期	年 月 日

安全监理细则要点

3.1 安全监理的依据

(1) 国家、地方有关安全生产、劳动保护、环境保护、消防等法律法规及方针、政策;

(2) 国家、地方有关建设工程安全生产标准规范及规范性文件;

(3) 政府批准的建设工程文件及设计文件;

(4) 建设工程监理合同和其他建设工程合同等。

3.2 安全监理工作内容

(1) 施工准备阶段安全监理工作主要内容:

1) 协助建设单位与施工承包单位签订建设工程安全生产协议书;

2) 审查专业分包和劳务分包单位的建筑企业资质和安全生产许可证;

3) 审查电工、焊工、架子工、起重机械工、塔吊司机及指挥人员等特种作业人员资格;

4) 督促施工承包单位建立健全施工现场安全管理体系;

5) 督促施工承包单位检查各分包单位的安全生产管理制度和安全管理体系;

6) 审查施工承包单位编制的施工组织设计的安全技术措施、专项施工方案(落地式脚手架施工方案;吊篮、脚手架施工方案(含设计计算书);模板工程施工方案(支撑系统设计计算书和混凝土输送安全措施);施工用电施工组织设计;塔吊安装与拆卸方案)核查高危作业安全施工作业方案及应急救援预案;

7) 督促施工承包单位做好逐级安全技术交底工作。

(2) 施工过程中安全监理工作的主要内容:

1) 督促施工承包单位按照工程建设强制性标准和施工组织设计、专项施工方案组织施工,及时制止违规违章施工指挥、施工作业;

2) 对施工过程中的高危作业等进行巡视检查,每天不少于一次;

3) 发现严重违规施工和存在安全事故隐患的,应当要求施工承包单位整改,并检查整改结果,签署复查意见;情况严重的,由总监理工程师下达工程暂停令并报告建设单位;施工承包单位拒不整改或者不停止施工的,应及时向主管部门报告;

4) 督促施工承包单位进行安全自检工作;

5) 参加或组织施工现场的安全检查;

6) 核查施工承包单位施工机械、安全设施的验收手续,并签署意见;未经安全监理人员签署认可的不得投入使用;

7) 监理人员对高危作业的关键工序实施跟班监督检查。

（3）竣工验收阶段安全监理工作的主要内容：在工程竣工或分项竣工签发交接书后，对未完成的工程和对工程缺陷的修补、修复及重建过程进行的安全监督管理。

3.3 专项施工方案审查要点

（1）土方工程：

1）地上障碍物的防护措施是否齐全完整；

2）地下隐蔽物、相邻建筑物的保护措施是否齐全完整；

3）场区的排水防洪措施是否齐全完整；

4）土方开挖时的施工组织及施工机械的安全生产措施是否齐全完整；

5）基坑的边坡的稳定支护措施和计算书是否齐全完整；

6）基坑四周的安全防护措施是否齐全完整。

（2）脚手架：

1）脚手架设计方案（图）是否齐全完整可行；

2）脚手架设计计算书是否齐全完整；

3）脚手架施工方案、使用安全措施、拆除方案是否齐全完整。

（3）模板施工：

1）模板结构设计计算书的荷载取值是否符合工程实际，计算方法是否正确；

2）模板设计应包括支撑系统自身及支撑模板的楼、地面强度要求；

3）模板设计图中细部构造的大样图、材料规格、尺寸、连接件等是否齐全；

4）模板设计中安全措施是否周全；

5）模板施工方案是否经过审批。

（4）高处作业：

临边作业、洞口作业、悬空作业的防护措施是否满足安全要求。

（5）交叉作业：

1）交叉作业时的安全防护措施是否齐全完整；

2）安全防护棚的设置是否满足安全要求；

3）安全防护棚的搭设方案是否完整齐全。

（6）塔式起重机：

1）塔机的基础方案中对地基与基础要求；

2）塔机安装拆除的安全措施；

3）塔机使用中的检查、维修管理；

4）塔机驾驶员的从业资格；

5）塔机使用中的班前检查制度；

6）起重机的安全使用制度；

7）塔机按拆方案的审批等。

（7）临时用电：

1）电源的进线、总配电箱的装设位置和线路走向是否合理；

2）负荷计算是否正确完整；

3）选择的导线截面和电气设备的类型规格是否正确；

4）电气平面图、接线系统图是否正确完整；

5）施工用电是否采用 TN-S 接零保护系统；

6）是否实行"一机一闸一漏一箱"制；是否满足分级分段漏电保护；

7）照明用电措施是否满足安全要求；

8）临时用电方案的审批。

3.4 项目监理机构的人员岗位安全职责

（1）总监理工程师职责：

1）审查分包单位的安全生产许可证，并提出审查意见；

2）审查施工组织设计中的安全技术措施；

3）审查专项施工方案；

4）参与工程安全事故的调查；

5）组织编写并签发安全监理工作阶段报告、专题报告和项目安全监理工作总结；

6）组织监理人员定期对工程项目进行安全检查；

7）核查承包单位的施工机械、安全设施的验收手续；

8）发现存在安全事故隐患的，应当要求施工单位限期整改；

9）发现存在情况严重的安全事故隐患的，应当要求施工单位暂停施工，并及时报告建设单位；

10）施工单位拒不整改或拒不停工的，应及时向政府有关部门报告。

（2）专业监理工程师安全监理职责：

1）审查施工组织设计中专业安全技术措施，并向总监理工程师提出报告；

2）审查本专业专项施工方案，并向总监理工程师提出报告；

3）核查本专业的施工机械、安全设施的验收手续，并向总监理工程师提出报告；

4）总承包专业人员对工程项目进行安全检查；

5）检查现场安全物资（材料、设备、施工机械、安全防护用具等）的质量证明文件及其情况；

6）检查并督促承办单位建立健全并落实施工现场安全管理体系和安全生产管理制度；

7）监督承包单位按照法律法规、工程建设强制性标准和审查的施工组织设计、专项施工方案组织施工；

8）发现存在安全事故隐患，应当要求施工单位整改，情况严重的安全隐患，应当要求施工单位暂停施工，并向总监理工程师报告；

9）督促施工单位做好逐级安全技术交底工作；

10）每周例行检查并做好检查记录。

（3）监理员安全岗位职责：

1）检查承包单位施工机械、安全设施的使用、运行状况并做好检查记录；

2）按设计图纸和有关法律法规、工程建设强制性标准对承包单位的施工生产进行检查和记录；

3）担任旁站工作。

3.5 安全监理的资料管理

（1）专项安全施工方案、施工机械、安全设施安全交底及验收情况检查汇总表；

（2）施工机械、安全设施验收核查表。

3.6 安全监理工作程序

施工准备阶段安全监理工作程序和施工过程的施工安全监理工作程序分别见图 5-1 和图 5-2。

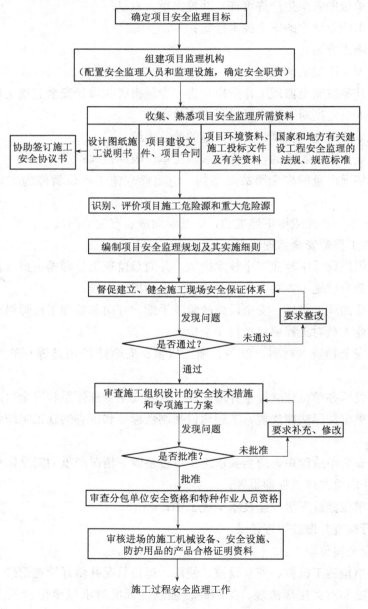

图 5-1　施工准备阶段安全监理工作程序图

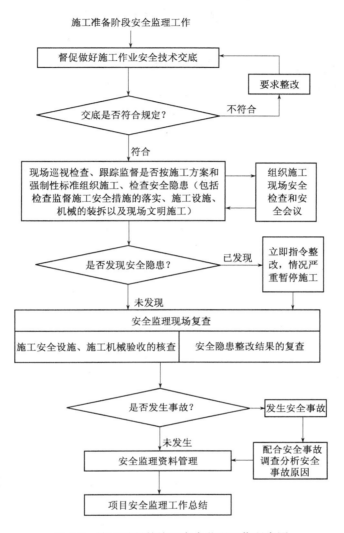

图 5-2 施工过程的施工安全监理工作程序图

3.7 安全监理应急预案

安全监理应急预案应该根据政府行政主管部门的要求，结合当地的实际情况编写。

实 训 课 题

实训 1. 从 13 项监理安全检查记录选取表格 1～6 进行模拟填写。

实训 2. 从 13 项监理安全检查记录选取表格 7～13 进行模拟填写。

实训 3. 模拟情景，编写工程项目安全监理实施细则。

复习思考题

1. 安全监理概念是什么？监理单位安全监理责任有哪些？
2. 施工准备阶段的安全监理的内容与要求是什么？
3. 施工阶段的安全监理的检查内容与要求是什么？
4. 安全监理实施细则至少应该包括哪些内容？

XIANGMU

项目 6

监理资料管理

能力要求：通过学习，更加增强顶岗工作的岗位职责意识和协同工作理念，能在专业监理工程师的指导下积极参与并完成监理资料的编制，内容系统规范，并能够通过全监理细则理解和应用方面的专业测试，监理资料的编制能力评价达到及格水平以上。

监理资料及其基本内容

1.1 工程技术文件报审资料

承包单位应编写工程技术文件，经承包单位技术部门审查通过，填写《工程技术文件报审表》报项目监理部。总监理工程师组织专业工程监理工程师审核，填写审核意见，由总监理工程师签署审定结论。

1.2 施工测量放线报审资料

承包单位应在完成施工测量方案、红线桩校核成果、水准点引测成果及施工过程中各种测量记录后（包括工程定位测量、基槽验线、楼层平面放线、楼层标高抄测记录、建筑物垂直度、标高测量记录等）报监理单位审核。

沉降观测记录也应采用《施工测量放线报验表》报验。"检验结果"栏中填写"该观测点和观测时间是否符合设计要求"，可不填写"查验结论"项，仅作为监理单位存档备案之用。

1.3 工程进度控制报审资料

工程进度报审资料包括：《工程开工报审表》、《施工进度计划报审表》、《（ ）月工、料、机动态表》、《工程延期申请表》、《工程延期审批表》和《工程复工报审表》。

（1）承包单位根据现场实际情况达到开工条件时，应向项目监理部申报《工程开工报审表》。由监理工程师审核，总监理工程师签署审批结论，并报建设单位。

（2）承包单位应根据建设工程施工合同的约定，按时编制施工总进度计划、季度进度计划、月进度计划，并按时填写《施工进度计划报审表》报项目监理部审批。

（3）承包单位每月25日前报《（ ）月工、料、机动态表》。主要施工设备进场并调试合格后也应填写《（ ）月工、料、机动态表》报项目监理部。塔吊、外用电梯等的安检资料及计量设备检定资料应于开始使用的一个月内作为本表的附件，由承包单位报审，监理单位留存备案。

（4）工程延期事件终止后，承包单位在合同约定的期限内，向项目监理部提交《工程延期申请表》，总监理工程师在最终评估出延期天数，并与建设单位协商一致后，签发《工程延期审批表》。

（5）对于较复杂或持续时间较长的延期申请，总监理工程师可用《工作联系单》给予承包单位一个暂定的延期时间。

（6）总监理工程师根据实际情况，按合同约定签发《工程暂停令》。无论由何方原因造成的工程暂停，在暂停原因消失，具备复工条件时，总监理工程师应要求承包单位及时填写《工复工报审表》，并予以签批。

1.4 工程质量控制报审、验收资料

（1）工程材料、构配件、设备报验资料。

承包单位应按有关规定对主要原材料进行复试，并将复试结果及备案资料、出厂质量证明等作为《工程物资进场报验表》的附件报项目监理部。承包单位应对拟采用的构配件和设备进行检测、测试，合格后填写《工程物资进场报验表》报项目监理部，监理工程师签署审查结论。

（2）分项（分部）工程施工报验资料。

承包单位在完成一个检验批的施工，经过自检或施工试验合格后，报监理工程师查验，监理工程师应对该检验批进行验收，并在《检验批质量验收记录》上签字。

在完成分项工程后，承包单位应按分项工程进行报验，填写《分项（分部）工程施工报验表》并附《分项工程质量验收记录》和相关附件。承包单位在完成分部（子分部）工程施工，经过自检合格后，应填写《分项（分部）工程施工报验表》并附《分部（子分部）工程质量验收记录》和相关附件，报项目监理部，总监理工程师应组织验收并签署意见。

（3）监理抽检资料。

当监理工程师对质量有怀疑时，可以随时进行抽检，并填写《监理抽检记录》。

1）不合格项处置记录。

监理工程师在隐蔽工程验收和检验批验收中，针对不合格的工程应填写《不合格项处置记录》。

2）质量事故的处理资料。

施工中发生的质量事故，承包单位应按有关规定上报处理，项目总监理工程师应书面报告上级单位。

3）旁站监理记录。

监理人员在实施旁站监理时应填写《旁站监理记录》，并由旁站监理人员及承包单位现场专职质检员会签。

4）见证取样备案文件。

每个单位工程应设定1~2名取样和送检见证人员，见证人员应由该工程的监理单位或建设单位具备建筑施工试验知识的专业技术人员担任，并由该工程监理单位或建设单位填写《有见证取样和送检见证人备案书》，通知承包单位、检测、试验单位和负责该工程的质量监督机构。

单位工程施工前，监理单位应根据承包单位报送的施工试验计划编制确定有见证取样和送检计划，内容包括单位工程应有见证取样和送检的项目；取样的原则与方式；应做试验、检验总数（估）及有见证试验、检验次数（估）等。

见证人员应执行有见证取样和送检项目的管理，按规定填写《见证记录》，并有见证人员和取样人员签字。

1.5 造价控制报审资料

造价控制报审资料包括《（ ）月工程进度款报审表》、《工程款支付申请表》、《工程款支付证书》、《费用索赔申请表》、《费用索赔审批表》等。

（1）承包单位根据当月完成的工程量，按施工合同的约定计算月工程进度款，填写《（　　）月工程进度款报审表》报项目监理部。承包单位在工程预付款、工程进度款、工程结算款等支付申请时填写《工程款支付申请表》报项目监理部，由负责造价控制的监理工程师审核，总监理工程师审查后根据合同的约定签署《工程款支付证书》。

（2）索赔事件终止后，承包单位填写《费用索赔申请表》报项目监理部，由总监理工程师签发《费用索赔审批表》。

1.6　单位工程竣工预验收资料

承包单位在单位工程完工，经自检合格并达到竣工验收条件后，填写《单位工程竣工预验收报验表》，并附相应的竣工资料（包括分包单位的竣工资料）报项目监理部，申请工程竣工预验收。总监理工程师组织项目监理部人员与承包单位根据有关规定共同对工程进行检查验收，合格后总监理工程师签署《单位工程竣工预验收报验表》。

1.7　工程质量评估报告

工程竣工预验收合格后，由项目总监理工程师向建设单位提交《工程质量评估报告》。《工程质量评估报告》包括工程概况、承包单位基本情况、主要采取的施工方法、工程地基基础和主体结构的质量状况、施工中发生过的质量事故和主要质量问题、原因分析和处理结果，以及对工程质量的综合评估意见。评估报告应由项目总监理工程师及监理单位技术负责人签认，并加盖公章。

1.8　竣工移交证书

工程竣工验收完成后，由项目总监理工程师及建设单位代表共同签署《竣工移交证书》，并加盖监理单位、建设单位公章。

1.9　《工作联系单》

《工作联系单》用于工程有关各方之间传递意见、决定、通知、要求等信息。

1.10　《工程变更单》

《工程变更单》用于发生工程变更，工程变更无论由何方提出，均须填写《工程变更单》，并由项目监理部签转。

监理资料管理统一规则

2.1 通用术语

(1) 工程名称：按监理合同中建设单位提供的名称或按设计图纸的名称。

(2) 编号：按本监理单位编制的文件资料的编号规定填写。

(3) 承包单位：指与项目建设单位签订建设工程合同，承担本工程建设项目施工的企业，本表式中承包单位可填写项目经理部名称，分公司名称或公司名称，并加盖与填写部门一致的红章。

(4) 项目经理：指建筑施工企业法人代表在本工程项目上的全权委托代理人。

(5) 监理单位：指承担监理业务和监理责任的一方，按监理合同中"监理人"的名称填写。

(6) 项目监理机构：监理单位派驻工程项目负责履行监理委托合同的组织机构。

(7) 专业监理工程师：根据项目监理岗位职责分工和总监理工程师的指令，负责实施某一专业或某一方面的监理工作，具有相应监理文件签发权的监理工程师。专业监理工程师资格必须符合要求。

(8) 总监理工程师：由监理单位法定代表人书面授权，全面负责委托监理合同履行、主持项目监理机构工作的监理工程师。项目总监理工程师资格、所承担的监理项目范围及项目数量必须符合要求。

(9) 总监理工程师代表：经监理单位法定代表人同意，由总监理工程师书面授权，代表总监理工程师行使部分职责和权力的项目监理机构中且具备总监理工程师资格的监理工程师。

注：凡报城建档案馆的一份必须用蓝黑或碳素笔填写。

2.2 表格使用

1. 工程开工报审表说明

(1) 工程满足开工条件后，承包单位报项目监理机构复核和批复开工时间。

(2) 整个项目一次开工，只填报一次，如工程项目中涉及较多单位工程，且开工时间不同，则每个单位工程开工都应填报一次。

(3) 工程名称：指相应的建设项目或单位工程名称，应与施工图的工程名称一致。

(4) 开工前的各项准备工作：承包单位应按表列内容逐一落实并自查，符合要求后在该项"□"内打"√"；需将《施工现场质量管理检查记录》及其要求的有关证件；《建设工程施工许可证》；现场专职管理人员资格证、上岗证；现场管理人员、机具、施工人员进场情况；工程主要材料落实情况等资料作为附件同时报送。

(5) 审查意见：总监理工程师应指定专业监理工程师对承包单位的准备情况进行检查，除检查所报内容外，还应对施工现场的临时设施是否满足开工要求进行检查；地下障碍物是否清除或查明；测量控制桩、试验室是否经项目监理机构审查确认等进行检查并逐项记录检查结果，报项目总监理工程师审核；总监理工程师确认具备开工条件时签署同意开工时间，并报告建设单位。否则，应简要指出不符合开工条件要求之处。

（6）总监理工程师签发《工程开工报审表》后报建设单位备案，如委托监理合同中需建设单位批准，项目总监理工程师审核后报建设单位，由建设单位批准。工期自批准开工之日起计算。

（7）《工程开工报审表》除委托监理合同中注明需建设单位批准外均由总监理工程师最终签发。

（8）工程开工报审的一般程序：

1）工程开工报告审核程序：承包单位追查认为施工准备工作已完成，具备开工条件时，向项目监理机构报送《工程开工报审表》、《施工现场质量管理检查记录》及相关资料；

2）专业监理工程师审核承包单位报送的《工程开工报审表》、《施工现场质量管理检查记录》及相关资料，现场核查各项准备工作的落实情况，报项目总监理工程师审批；

3）项目总监理工程师根据专业监理工程师的审核，签署审查意见，具备开工条件时按《委托监理合同》的授权报建设单位备案或审批。

2. 复工报审表说明

（1）工程暂停原因消失，承包单位向项目监理机构申请复工。

（2）对项目监理机构不同意复工的复工报审，承包单位按要求完成后仍用该表报审。

（3）"鉴于_____工程"：填写相应停工令所暂停的工程部位，即需要复工的部位。

（4）工程暂停时由于承包单位的原因引起的，承包单位应报告整改情况和预防措施；工程暂停原因是由非承包单位的原因引起的，承包单位仅提供工程暂停原因消失证明。

（5）审查意见：总监理工程师应指定专业监理工程师对复工条件进行复核，在施工合同约定的时间内完成对复工申请的审批，符合条件在同意复工项"□"内打"√"，并注明同意复工的时间；不符合复工条件在不同意复工项"□"内打"√"，并注明不同意复工的原因和对承包单位的要求。

（6）复工申请的审查程序：

1）承包单位按工程暂停令的要求，自查符合了复工条件向项目监理机构报送《复工报审表》及其附件。

2）总监理工程师应及时指定监理工程师进行审查，工程暂停是由非承包单位原因引起时，签发复工报审表时，只需要看引起暂停施工的原因是否存在；工程暂停是由承包单位的原因引起时，复工审查时不仅要审查其停工因素是否消除，还要审查其是否查清了导致停工原因产生的原因和制定了针对性的整改措施、预防措施，还要复核其各项措施是否得到贯彻落实。

3）总监理工程师根据审查情况，应当在收到《复工报审表》后48小时内完成对复工申请的审批。项目监理机构未在收到承包人复工申请后48小时（或施工合同规定时间）内提出审查意见，承包单位可自行复工。

3. 施工组织设计（方案）报审表说明

（1）根据有关要求，须项目监理机构审批的施工组织设计（方案）在实施前报项目监理机构审核、签认。

（2）承包单位按施工合同规定时间向项目监理机构报送自审手续完备的施工组织设计（方案），总监理工程师在合同规定时间内完成审核工作。

（3）施工组织设计（方案）审核应在项目实施前完成，施工组织设计（方案）未经项目监理机构审核、签认，该项工程不得施工。总监理工程师对施工组织设计（方案）的审查、签认，不解除承包单位的责任。

（4）"＿＿＿＿＿施工组织设计（方案）"：填写相应的建设项目，单位工程，分部工程，分项工程或关键工序名称。

（5）附件：指需要审核的施工组织总设计，单位工程施工组织设计或施工方案。

（6）专业监理工程师审查意见：专业监理工程师对施工组织设计（方案）应审核其完整性、符合性、适用性、合理性、可操作性及实现目标的保证措施。且从以下几方面进行审核：

1）设计（方案）中承包单位的审批手续齐全；

2）承包单位现场项目管理机构的质量管理、技术管理，质量保证体系健全，质量保证措施切实可行且有针对性；

3）施工现场总体布置是否合理，是否有利于保证工程的正常顺利施工，是否有利于工程保证质量，施工总平面图布置是否与地貌环境、建筑平面协调一致；

4）施工组织设计（方案）中工期、质量目标应与施工合同的一致；

5）施工组织设计中的施工布置和程序应符合本工程的特点及施工工艺，满足设计文件要求；

6）施工组织设计应优先选用成熟的、先进的施工技术，且对本工程的质量、安全和降低造价有利；

7）进度计划应采用流水施工方法和网络计划技术，以保证施工的连续性和均衡性，且工、料、机进场应与进度计划成本保持协调性；

8）施工机械设备的选择是否考虑了对施工质量的影响与保证；

9）安全、环保、消防和文明施工措施切实并符合有关规定；

10）施工组织设计（方案）的主要内容是否齐全；

11）施工组织设计中若有提高工程造价的，项目监理机构应取得建设单位同意。

根据以上审核情况，如符合要求，专业监理工程师审查意见应签署"施工组织设计（方案）合理、可行，且审批手续齐全，拟同意承包单位按该施工组织设计（方案）组织施工，请总监理工程师审核"。如不符合要求，专业监理工程师审查意见应简要指出不符合要求之处，并提出修改补充意见后签属"暂不同意（部分或全部应指明）承包单位按该施工（方案）组织施工，待修改完善后再报，请总监理工程师审核"。

（7）总监理工程师审核意见：总监理工程师对专业监理工程师的审查结果进行审核，如同意专业监理工程师的审查意见，应签认"同意专业监理工程师审查意见，并同意承包单位按该施工组织设计（方案）组织施工"；如不同意专业监理工程师的意见，应简要指明与专业监理工程师审查意见中的不同之处，签署修改意见，并签认最终结论"同意（不同意）承包单位按该施工组织设计（方案）组织施工（修改后再报）"。

（8）施工组织设计（方案）的分类及内容：

施工组织设计（方案）根据工程实际可分为施工组织总设计，单位工程施工组织设计及施工方案。

1）施工组织总设计一般包括以下主要内容：工程概况和施工特点分析；项目管理机构；施工部署和主要项目施工方案；施工总进度计划；全场性的施工准备工作计划；施工资源总需要量计划；施工总平面图和各项主要技术经济评价指标等。

2）单位工程施工组织设计一般包括以下内容：工程概况和施工特点；项目管理机构；施工方案选择；施工进度计划；施工准备工作计划；劳动力、材料、构件、加工品、施工机械和机具等需要量计划；施工平面图；保证质量、安全、降低成本和冬雨季施工的技术组织措施；各项技术经济指标等。

对于一般常见的建筑结构类型和规模不大的单位工程，其施工组织设计的编制可适当简单一些。

3）施工方案分类为：重点部位、关键工序或技术复杂的分项、分部工程施工方案；采用新材料、新工艺、新技术、新设备的施工方案等。施工方案设计的内容一般包括：施工程序和顺序；施工起点流向；主要分项分部工程的施工方案和施工机械选择；技术、质量保证措施等内容。

（9）施工组织设计（方案）的审查程序：

1）在工程项目开工前约定的时间（一般为7天）内，承包单位必须完成施工组织设计（方案）的编制及自审工作，并填写《施工组织设计（方案）报审表》。

2）总监理工程师应在约定的时间（一般为7天）内，组织专业监理工程师（应专业齐全配套）审查，提出意见后，由总监理工程师审核、签认。需要承包单位修改时，由总监理工程师签发书面意见，退回承包单位修改后再报，总监理工程师组织专业工程师重新审核、签认。

3）审核、签认的施工组织设计（方案）由项目监理机构报送建设单位。

4）承包单位应按审定的施工组织设计（方案）文件组织施工，如需对其内容做较大变更，应在实施前将变更内容仍用此表，报送项目监理机构审核、签认。

5）规模大、结构复杂或属新结构、特种结构的工程，项目监理机构对施工组织设计审查后，还应报送监理单位技术负责人审查，提出审查意见后，由总监理工程师签发，必要时与建设单位协商，组织有关专业部门和有关专家会审。

6）规模大、工艺复杂的工程，群体工程或分期出图的工程，经建设单位批准，可分阶段报审施工组织设计。

7）技术复杂、重点部位、关键工序或采用新材料、新工艺、新技术、新设备的分项、分部工程，承包单位还应编制该分项、分部工程的施工方案，填报《施工方案报审表》报项目监理机构审核签认。

4．分包单位资格报审表说明

（1）分包单位资格报审是总承包单位在分包工程开工前，对分包单位的资格报项目监理机构审查确认。

（2）未经总监理工程师确认，分包单位不得进场施工，总监理工程师对分包单位资格的确认不解除总承包单位应负的责任。

（3）施工合同中已明确或经过招标确认的分包单位（即建设单位书面确认的分包单位），承包单位可不再对分包单位资格进行报审。

（4）分包单位：按所报分包单位《企业法人营业执照》全称填写。

（5）分包单位资质材料：指按建设部第87号令颁布的《建筑业企业资质管理规定》，经建设行政主管部门进行资质审查核发的，具有相应专业承包企业资质等级和建筑业劳务分包企业资质的《建筑业企业资质证书》和《企业法人营业执照》副本。

（6）分包单位业绩材料：指分包单位近三年完成的与分包工程工作内容类似工程及工程质量的概况。

（7）分包工程名称（部位）：指拟分包给所报分包单位的工程项目名称（部位）。

（8）工程数量：指分包工程项目的工作量（工程量）。

（9）拟分包工程合同额：指在拟签订的分包合同中签订的金额。

（10）分包工程占全部工程：指分包工程的工程量占全部工程工作量的百分比。

（11）专业监理工程师审查意见：专业监理工程师应对承包单位所报材料逐一进行审核，主要审查内容：对取得施工总承包企业资质等级证书的分包单位，审查其核准的营业范围与拟承担的分包工程是否相符；对取得专业承包企业资质证书的分包单位，审查其核准的等级和范围（60类）与拟承担分包工程是否相符；对取得建筑业劳务分包企业资质的，审查其核准的资质（13类）与拟承担的分包工程是否相符，在此基础上，项目监理机构和建设单位认为必要时会同承包单位对分包单位进行调查，主要核实承包单位的申报材料与实际情况是否属实。专业监理工程在审查承包单位报送分包单位有关资料，调查核实的（必要时）基础上，提出审查意见、调查报告（必要时）附报审表后，根据审查情况，如认定该分包单位具备分包条件，则批复"该分包单位具备分包条件，拟同意分包，请总监理工程师审核"，如认为不具备分包条件应简要指出不符合条件之处，并签署"拟不同意分包，请总监理工程师审查"的意见。

（12）总监理工程师审批意见：总监理工程师对专业监理工程师的审查意见、考查报告进行审核，如同意专业监理工程师意见，签署"同意（不同意）分包"；如不同意专业监理工程师意见，应简要指明与专业监理工程师的审查意见的不同之处，并签认是否同意分包的意见。

（13）分包单位审核程序：

1）承包单位应在工程项目开工前或拟分包的分项、分部工程开工前，填写《分包单位资格报审表》，附上经其自审认可的分包单位的有关资料，报项目监理机构审核。

2）项目监理机构应在施工合同规定的期限内完成或提出进一步补充有关资料的审批工作。

3）项目监理机构和建设单位认为必要时，可会同承包单位对分进行实地考察，以验证分包单位有关资料的真实性。

4）分包单位的资格符合有关规定并满足工程需要，由总监理工程师签发《分包单位资格报审表》，予以确认。

5）分包合同签订后，承包单位分包合同报项目监理机构备案。

（14）分包单位资格报审内容：

1）承包单位对部分分项、分部工程（主体结构工程除外）实行分包必须符合施工合同的规定。

2）分包单位的营业执照、企业资质等级证书、特种行业施工许可证、国外（境外）企业在国内承包工程许可证。

3）分包单位的业绩。

4）分包工程内容和范围。

5）专职管理人员和特种作业人员的资格证、上岗证。

5. 主要施工机械设备报审表说明

（1）主要施工机械设备进场，承包单位自检合格后报项目监理机构进行复核确认。

（2）凡直接影响工程质量的施工机械、计量设备未经项目监理机构的确认不得用于工程施工。

（3）所报的施工机械设备应附有关技术说明、调试结果；对计量设备还应附有法定检测部门的鉴定证明。

（4）设备名称：指选用施工机械、计量设备的名称。

（5）规格型号：指选用施工机械、计量设备的规格型号。

（6）数量：指选用施工机械、计量设备实际进场的数量。

（7）进场日期：按施工机械、计量设备的实际进场时间（需现场安装调试的施工机械指其安装调试完毕的时间）。

（8）技术状况：指选用施工机械、计量设备的技术性能、运行状态的完好程度。

（9）备注：对需要补充说明的事项在此说明，如对设备检测周期的起始时间等。

（10）专业监理工程师审查意见：专业监理工程师对施工机械计量设备及所附资料进行审查，对其是否符合批准的施工组织设计、是否满足施工需要和保证质量要求签署意见，对性能、数量满足施工要求的设备，将其设备名称填写在"准予进场使用的设备"一栏；对性能不符合要求的设备，将其设备名称填写在"需要更换后再报的设备"一栏上；对数量或性能不足的设备，将其名称填写在"需补充的设备"一栏上。当有性能不符合施工要求、数量或性能不足的设备时，还应对承包单位下步工作提出要求。

（11）专业监理工程师对主要施工机械设备报验审查时应实地检查施工设备安装、调试情况，经审查符合要求后方可签认《主要施工机械设备报审表》。

6．施工测量放线报验单说明

（1）承包单位施工测量放线完毕，自检合格后报项目监理机构复核确认。

（2）测量放线的专职测量人员资格及测量设备应是已经项目监理机构确认的。

（3）工程或部位的名称：工程定位测量填写工程名称，轴线、标高测量填写所测量项目部位名称。

（4）专职测量人员岗位证书编号：指承担这次测量放线工作的专职测量人员岗位证书编号。

（5）测量设备鉴定证书编号：指此次测量放线工作所用测量设备的法定检测部门的鉴定证书编号。

（6）测量放线依据材料及放线成果：依据材料是指施工测量方案、建设单位提供的建设单位提供的红线桩、水准点等材料；放线成果指承包单位测量放线所放出的控制线及其施工测量放线记录表（依据材料应是已经项目监理机构确认的）。

（7）放线内容：指测量放线工作内容的名称。如：轴线测量、标高测量等。

（8）备注：施工测量放线使用的测量仪器名称、型号、编号。

（9）专业监理工程师查验意见：专业监理工程师根据对测量放线资料的审查和现场实际复测情况签署意见，符合要求在"查验合格"前"□"内划"√"，如不符合要求，在"纠正差错后再报"前"□"内划"√"，并应简要指出不符合之处。

（10）施工测量放线报验分为：

1）开工前的交桩复测及承包单位建立的控制网、水准系统的测量；

2）施工工程中的施工测量放线。

（11）开工前的交桩复测及承包单位建立的控制网，水准点系统测量的审查程序：

1）根据专业监理工程师指令，承包单位应填写"施工测量方案报审表"，采用《施工组织设计（方案）报审表》，将施工测量方案报送项目监理机构审查确认。

2）承包单位按批准的"施工测量方案"，对建设单位交给施工的红线桩、水准点进行校核复测，并在施工场地设置平面坐标控制网（或控制导线）及高程控制网后，填写《施工测量放线报验单》，并附上相应的放线依据资料及测量放线成果，报项目监理机构审查。

3）专业监理工程师审核承包单位专职测量人员上岗位证书及测量设备检定证书、测量成果及现场查验桩、线的准确性及桩点，桩位保持措施的有效性，符合规定时，予以签认，并在其《工程定位测量及复测记录》签字盖章，完成交桩过程。

4）当承包单位对交桩的桩位，通过复测提出质疑时，应通过建设单位邀请政府规定的规划勘察部门，复核红线桩及水准点测的成果，最终完成交桩过程，并通过工程洽商的方式予以确认。

（12）施工过程中的施工测量放线审查程序：

1）承包单位在测量放线完毕，应进行自检，合格后填写《施工测量放线报验单》，并附上放线的依据材料及放线成果表（基槽及各层放线测量及复测记录），报送项目监理机构。

2）专业监理工程师对《施工测量放线报验单》及附件进行审核，并应实际查验放线精度，是否符合规范及标准要求，经审核查验结论，签认《施工测量放线报验单》，并在其《基槽及各层放线测量及复测记录》签字盖章。

7. 工程报验单说明

（1）承包单位按约定的验收单元施工完毕，自检合格后报请项目监理机构检查验收。

（2）本表是隐蔽工程、检验批、分项工程、分部工程报验通用表。报验时按实际完成的工程名称填写。

（3）任一验收单位，未经项目监理机构验收确认不得进行下一工序。

（4）工程质量控制资料指相应质量验收规范中规定工程验收时应检查的文件和记录，按规定应见证取样送检的，须附见证取样送检资料。

（5）安全和功能检验（检测）报告：指相应质量验收规范中规定工程验收时应对材料及其性能指标进行检验（检测）报告和《建筑工程施工质量验收统一标准》中要求的安全和功能检查项目的测试记录，按规定应见证取样送检的，须附见证取样送检资料。

（6）观感质量验收记录：指分部（子分部）观感质量验收记录。

（7）隐蔽工程验收记录：指相应质量验收规范中规定的隐蔽验收项目的隐蔽验收记录。

（8）审查意见：专业监理工程师对所报隐蔽工程、检验批、分项工程资料认真核查，确认资料是否安全、填报是否符合要求，并根据现场实地检查情况按表式项目签署审查意见，分部工程由总监理工程师组织验收，并签署验收意见。

（9）工程报验程序：

隐蔽工程验收：

1）隐蔽工程施工完毕，承包单位自检合格，填写《隐蔽工程报验单》，附《隐蔽工程验收记录》和有关分项（检验批）工程质量验收及测试资料向项目监理机构报验；

2）承包单位应在隐蔽验收前48小时以书面形式通知监理验收内容，验收时间和地点；

3）专业监理工程师应准时参加隐蔽工程验收，审核其自检结果和有关资料，现场实物检查、检测，符合要求的予以签认。否则，专业监理工程师应签发《工程质量整改通知》，详实指出不符合之处，要求承包单位整改。

检验批工程质量验收：

1）检验批施工完毕，承包单位自检合格，填写《检验批工程报验单》，附《检验批质量验收记录》和施工操作依据、质量检查记录向项目监理机构报验；

2）承包单位应在检验批验收前 48 小时以书面形式通知监理验收内容、验收时间和地点；

3）专业监理工程师应按时组织承包单位项目专业质量检查员等进行验收，现场检查、检测，审核其有关资料，主控项目和一般项目的质量经抽样检查合格；施工操作依据、质量检查记录完整、符合要求，专业监理工程师应予以签认。否则，专业监理工程师应签发《工程质量整改通知》，详实指出不符合之处，要求承包单位整改。

4）承包单位按《工程质量整改通知》要求整改完毕，自检合格后用《监理工程师通知回复单》报项目监理机构复核，符合要求后予以确认。

对未经监理人员验收或验收不合格的、需旁站而未旁站或没有旁站记录、或旁站记录签字不全的隐蔽工程、检验批，监理工程师不得签认，承包单位严禁进行下一道工序的施工。

分项工程质量验收：

1）分项工程所含的检验批全部通过验收，承包单位整理验收资料，在自检评定合格后填写《分项工程报验单》，附《分项质量验收记录》报项目监理机构。

2）专业监理工程师组织承包单位项目专业技术负责人等进行验收，对承包单位所报资料和该分项工程的所有检验批质量检查记录进行审查，构成分项工程的各检验批的验收资料文件完整，并且均已验收合格，专业监理工程师予以签认。

分部（子分部）工程质量验收：

1）分部（子分部）工程所含的分项工程全部通过验收，承包单位整理验收资料，在自检评定合格后填写《分部（子分部）工程报验单》，附《分部（子分部）工程质量验收记录》及工程质量验收规范要求的质量控制资料、安全和功能检验（检测）报告等向项目监理机构报验；

2）承包单位应在验收前 72 小时以书面形式通知监理验收内容、验收时间和地点。总监理工程师按时组织承包单位项目经理（项目负责人）和技术、质量负责人等进行验收；地基与基础、主体结构分部工程的勘察、设计单位工程负责人和承包单位技术、质量部门负责人也应参加相关分部工程验收；

3）分部（子分部）工程质量验收含分项工程的质量均已验收合格；质量控制资料完整；地基与基础、主体结构和设备安装等分部工程有关安全及功能的检验和抽样检测结果均符合有关规定；观感质量验收符合要求。总监理工程师应予以确认，在《分部（子分部）工程质量验收记录》签署验收意见，各参加验收单位项目负责人签字。否则，总监理工程师应签发《工程质量整改通知》，指出不符合之处，要求承包单位整改；

4）承包单位按《工程质量整改通知》要求整改完毕，自检合格后用《监理工程师通知回复单》报项目监理机构复核，符合要求后予以确认。

8. 工程款支付申请表说明

1）承包单位根据施工合同中工程款支付约定，向项目监理机构申请开具工程款支付证书。

2）申请支付工程款金额包括合同内工程款、工程变更增减费用、批准的索赔费用、应扣除的预付款、保留金及施工合同中约定的其他费用。

3）"我方已完成了_____工作"：填写经专业监理工程师验收合格的工程；定期支付进度款的填写本支付期内经专业监理工程师验收合格工程的工作量。

4）工程量清单（工程计量报审表）：指本次付款申请中经专业监理工程师验收合格工程的工程量统计报表及专业监理工程师签认的相应《工程计量报审表》。

5）计算方法：指以专业监理工程师签认的工程量按施工合同约定采用的有关定额（或其他计价方法的单价）的工程价款计算。

6）根据施工合同约定，需建设单位支付工程预付款的，也采用此表向监理机构申请支付。

7）工程款申请中如有其他和付款有关的证明文件和资料时，应附有相关证明资料。

9. 监理工程师通知回复单说明

（1）承包单位落实《监理通知》或《工程质量整改通知》后，报项目监理机构检查复核。

（2）承包单位完成《监理工程师通知回复单》中要求继续整改的工作后，仍用此表回复。

（3）涉及应总监理工程师审批工作内容的回复单，应由总监理工程师审批。

（4）"我方收到编号为_____"：填写所回复的《监理通知》或《工程质量整改通知》的编号。

（5）完成了_____工作：按《监理通知》或《工程质量整改通知》的要求完成的工作填写。

（6）详细内容：针对《监理通知》或《工程质量整改通知》的要求，简要说明落实过程、结果及自检情况，必要时附有关证明资料。

（7）复查意见：专业监理工程师应详细核查承包单位所报的有关资料，符合要求后针对工程质量实体的缺陷整改进行现场检查，符合要求后填写"已按《监理通知》/《工程质量整改通知》整改完毕/经检查符合要求"的意见，如不符合要求，应具体指明不符合要求的项目或部位，签署"不符合要求，要求承包单位继续整改"的意见，直至承包单位整改符合要求。

10. 工程临时延期报审表说明

（1）工程临时延期报审是发生了施工合同约定由建设单位承担的延长工期事件后，承包单位提出的工期索赔，报项目监理机构审核确认。

（2）总监理工程师在签认工程延期前应与建设单位、承包单位协商，宜与费用索赔一并考虑处理。

（3）总监理工程师应在施工合同约定的期限内签发《工程临时延期报审表》，或发出要求承包单位提交有关延期的进一步详细资料的通知。

（4）临时批准延期时间不能长于最后的书面批准的延期时间。

（5）"根据合同条款_____条的规定"：填写提出工期索赔所依据的施工合同条目。

（6）"由于_____原因"：填写导致工期拖延的事件。

（7）工程延时的依据及工期计算：指索赔所依据的施工合同条款；导致工程延期事件的事实；工程拖延的计算方式及过程。

（8）合同竣工日期：指建设单位与承包单位签订的施工合同中确定的竣工日期或已最终批准的竣工日期。

（9）申请延长竣工日期：指合同竣工日期加上本期申请延长工期后的竣工日期。

（10）证明材料：指本期申请延长的工期所有能证明非承包单位原因致工程延期的证明材料。

（11）审查意见：专业监理工程师针对承包单位提出的工程临时延长工期报审表，首先审核在延期事件发生后，承包单位在合同规定的有效期内是否以书面形式向专业工程师提出延期意向通知；其次审查承包单位在合同规定有效期内向专业监理工程师提交的延期依据及延长工期的计算；第三，专业监理工程师对提交的延期报告应及时进行调查核实，与监理同期记录进行核对、计算，并将审查情况报告总监理工程师同意临时延期时在"暂时同意工期延长工期"前"□"内划"√"，延期天数按核实天数。"原竣工日期"指"合同竣工日期"；"延迟到的竣工日期"指"合同竣工日期"加上"暂同意延期天数后的日期"。否则，在"不同意延长工期"前"□"内划"√"。

（12）证明：指总监理工程师同意或不同意工程临时延期的理由和依据。

（13）总监理工程师在作出临时延期批准时，不应认为其具有临时性而放松控制。

（14）可能导致工程延期的原因：

1）监理工程师发出工程变更指令导致工程量增加；

2）施工合同中规定的任何可能造成工程延期的原因，如延期交图、工程暂停及不利的外界条件等；

3）异常恶劣的气候条件；

4）由建设单位造成的任何延误、干扰或障碍等，如按施工合同未及时提供场地、未及时付款等；

5）施工合同规定，承包单位自身外的其他任何原因。

（15）工程临时延期报审程序：

1）承包单位在施工合同规定的期限内，向项目监理机构提交对建设单位的《延期（工期索赔）意向通知书》。

2）总监理工程师指定专业监理工程师收集与延期有关的资料。

3）承包单位在承包合同规定的期限内向项目监理机构提交《工程延期报审表》。

4）总监理工程师指定专业监理工程师初步审查《工程临时延期报审表》是否符合有关规定。

5）总监理工程师进行延期核查，并在初步确定延期时间后，与承包单位及建设单位进行协商。

6）总监理工程师应在施工合同规定的期限内签署《工程临时延期报审表》或在施工合同规定期限内，发出要求承包单位提交有关延期的进一步详细资料的通知，待收到承包单位提交的详细资料后，按上述 4）、5）、6）条程序进行。

11. 费用索赔报审表说明

（1）费用索赔报审是承包单位向建设单位提出费用索赔，报项目监理机构审查、确认和批复。

（2）总监理工程师应在施工合同约定的期限内签发《费用索赔报审表》，或发出要求承包单位提交有关费用索赔的进一步详细资料的通知。

（3）"根据合同条款_____条的规定"：填写提出费用索赔所依据的施工合同条目。

（4）"由于_____原因"：填写导致费用索赔的事件。

（5）索赔的详细理由及经过：指索赔事件造成承包单位直接经济损失，索赔事件是由于非承包单位的责任发生的等情况的详细理由及事件经过。

（6）索赔金额计算：指索赔金额计算书，索赔的费用内容一般包括以下内容：人工费、设备费、材料费、管理费等。

（7）证明材料：指上述两项所需的各种证明材料，包括如下内容：

1）合同文件；

2）监理工程师批准的施工进度计划；

3）合同履行过程中的来往函件；

4）施工现场记录；

5）工地会议记录；

6）工程照片；

7）监理工程师发布的各种书面指令；

8）工程进度款支付凭证；

9）检查和试验记录；

10）汇率变化表；

11）各类财物凭证；

12）其他有关材料。

（8）审查意见：专业监理工程师应首先审查索赔事件发生后，承包单位是否在施工合同规定的期限内（28天），向专业监理工程师递交过索赔意向通知，如超过此期限，专业监理工程师和建设单位有权拒绝索赔要求；其次，审核承包单位的索赔条件是否成立；第三，应审核承包单位报送的《费用索赔报审表》，包括索赔的详细理由及经过，索赔金额的计算及证明材料；如不满足索赔条件，专业监理工程师应在"不同意此项索赔"前"□"内打"√"；如符合条件，专业监理工程师就初定的索赔金额向总监理工程师报告，由总监理工程师分别与承包单位及建设单位进行协商，达成一致或总监理工程师公正地自主决定后，在"同意此项索赔"前"□"内打"√"，并把确定金额写明，如承包人对监理工程师的决定不同意，则可按合同中的仲裁条款提交仲裁机构仲裁。

（9）索赔成立应同时满足以下三个条件要求：

1）索赔事件造成了承包单位直接经济损失；

2）索赔事件是由于非承包单位的责任发生的；

3）承包人按合同规定的期限和程序提交了索赔意向通知书和《费用索赔报审表》，并附有索赔凭证材料。

（10）同意/不同意索赔的理由：同意索赔的理由应简要列明；对不同意索赔，或虽同意索赔但其中的不合理部分，如有下列情况应简要说明：

1）索赔事项不属于建设单位或监理工程师的责任，而是其他第三方的责任；

2）建设单位和承包单位共同负有责任，承包单位必须划分和证明双方责任大小；

3）事实依据不足；

4）施工合同依据不足；

5）承包单位未遵守意向通知要求；

6）合同中的开脱责任条款已经免除了建设单位的补偿责任；

7）承包单位以前已经放弃索赔要求；

8）承包单位没有采取适当措施避免或减少损失；

9）承包单位必须提供进一步证据；

10）损失计算夸大等。

（11）索赔金额的计算：指专业监理工程师对批准的费用索赔金额的计算过程及方法。

（12）费用索赔的报审程序：

1）承包单位在施工合同规定的期限（索赔事件发生后28天）内，向项目监理机构提交对建设单位的费用索赔意向通知。

2）总监理工程师指定专业监理工程师收集与索赔有关资料，如各项记录报表、文件、会议纪要等。

3）承包单位在承包合同规定的期限（发出索赔意向通知后28天）内向项目监理机构提交对建设单位的《费用索赔报审表》。

4）总监理工程师根据承包单位报送的《费用索赔报审表》，安排专业监理工程师进行审查，在符合《建设工程监理规范》第6.3.2条规定的条件时，予以受理。但是依法成立的施工合同另有规定时，按施工合同办理。

5）专业监理工程师在审查确定索赔批准额时，要审查以下三个方面：

索赔事件发生的合同责任；

由于索赔事件的发生，施工成本及其他费用的变化和分析；

索赔事件发生后，承包单位是否采取了减少损失的措施。承包单位报送的索赔额中，是否包含了让索赔事件任意发展而造成的损失额。

专业监理工程师将审查结果向总监理工程师报告，由总监理工程师与承包单位和建设单位协商。

6）总监理工程师应在施工合同规定的期限（收到索赔报告后28天）内签署《费用索赔报审表》或发出要求承包单位提交有关索赔报告的进一步详细资料的通知（采用《监理通知》表式），待收到承包单位提交的详细资料后，按4）、5）、6）条程序进行。

（13）项目监理机构在确定索赔批准额时，可采用实际费用法，索赔批准额等于承包单位为了某项索赔事件所支付的合理实际开支减去施工合同中计划开支，再加上应得的管理费等。对承包单位提出的费用索赔应注意，索赔费用只能是承包单位实际发生的费用，而且必须符合工程所在地区的有关法规和规定。另外绝大部分的费用索赔是不包括利润的，只涉及到直接费和管理费，只有遇到工程变更时，才可以索赔到费用和利润。

（14）承包单位向建设单位索赔的原因：

1）合同文件内容出错引起的索赔；

2）由于图纸延迟交出造成索赔；

3）由于不利的实物障碍和不利的自然条件引起索赔；

4）由于建设单位提供的水准点、基线等测量资料不准确造成的失误与索赔；

5）承包单位依据专业监理工程师意见，进行额外钻孔及勘探工作引起索赔；

6）由建设单位风险所造成的损害的补救和修复所引起的索赔；

7）因施工中承包单位开挖到化石、文物、矿产等珍贵物品，要停工处理引起的索赔；

8）由于需要加强道路与桥梁结构以承受"特殊超重荷载"而索赔；

9）由于建设单位雇佣其他承包单位的影响，并为其他承包单位提供服务提出索赔；

10）由于额外样品与试验而引起索赔；

11）由于对隐蔽工程的揭露或开孔检查引起的索赔；

12）由于工程中断引起的索赔；

13）由于建设单位延迟移交土地引起的索赔；

14）由于非承包单位原因造成了工程缺陷需要修复而引起的索赔；

15）由于要求承包单位调查和检查缺陷而引起的索赔；

16）由于工程变更引起的索赔；

17）由于变更合同总价格超过有效合同价的 15％而引起索赔；

18）由于特殊风险引起的工程被破坏和其他款项支出而提出的索赔；

19）因特殊风险使合同终止后的索赔；

20）因合同解除后的索赔；

21）建设单位违约引起的工程成本的增加的索赔；

22）由于物价变动引起的工程成本的增减的索赔；

23）由于后继法规的变化引起的索赔；

24）由于货币及汇率变化引起的索赔。

12. 工程材料/构配件/设备报审表说明

（1）工程材料/构配件/设备报审表是承包单位对拟进场的主要工程材料、构配件、设备，在自检合格后报项目监理机构进行进场验收。

（2）对未经监理人员验收或验收不合格的工程材料、构配件、设备，监理人员应拒绝签认，承包单位不得在工程上使用，并应限期将不合格的材料、构配件、设备撤出现场。

（3）拟用于部位：指工程材料、构配件、设备拟用于工程的具体部位。

（4）材料/构配件/设备清单：按表列括号内容用表格形式填报。

（5）材料/构配件/设备质量证明资料：指生产单位提供的证明工程材料/构配件/设备质量合格的证明资料，如合格证、性能检测报告等。凡无国家或省正式标准的新材料、新产品、新设备应有省级及以上有关部门鉴定文件。凡进口材料、产品、设备应有商检的证明文件。如无出厂合格证原件，有抄件或原件复印件亦可。但抄件或原件复印件上要注明原件存放单位、抄件人和抄件、复印件单位签名并盖公章。

（6）自检结果：指所购材料、构配件、设备的承包单位对所购材料、构配件、设备，按有关规定进行自检及复试的结果。对建设单位采购的主要设备进行开箱检查监理人员应进行见证，并在其《主要设备进行开箱检查记录》签字。复试报告一般应提供原件。

（7）专业监理工程师审查意见：专业监理工程师对报验单所附的材料、构配件、设备清单、质量证明资料及自检结果认真核对，在符合要求的基础上对所进材料、构配件、设备进行实物核对及观感质量验收，查验是否与清单、质量证明资料合格证及自检结果相符，有无质量缺陷等情况，并将检查情况记录在监理日志中，根据检查结果，如符合要求，将"不符合"、"不准许"及"不同意"用横线划掉，反之，将"符合"、"准许"及"同意"划掉。

（8）工程材料/构配件/设备报审程序：

1）承包单位应对拟进场的工程材料、构配件、设备（包括建设单位采购的工程材料、构配件、设备），按有关规定对工程材料进行自检和复试，对构配件进行自检，对设备进行开箱检查，符合要求后填写《工程材料/构配件/设备报审表》，并附上清单、质量证明资料及自检结果报监理机构。

2）专业监理工程师应对承包单位报送的《工程工程材料/构配件/设备报审表》及其质量证明等资料进行审核，并应对进场的工程材料、构配件和设备实物，按照委托监理合同的约定或有关工程质量管理文件的规定比例，进行见证取样送检（见证取样送检情况应记录在监理日志中）。

3）对进口材料、构配件和设备，应按照事先约定，由建设单位、承包单位、供货单位、项目监理机构及其他有关单位进行联合检查，检查情况及结果应整理成纪要，并有有关各方代表签字。

4）经专业监理工程师审核检查合格，签认《工程材料/构配件/设备报审》，对未经专业监理工程师验收或验收不合格的工程材料、构配件和设备，专业监理工程师应拒绝签认，并应签发《监理通知》，书面通知承包单位限期运出现场。

13. 工程竣工预验报验单说明

（1）单位（子单位）工程承包单位自检符合竣工条件后，向项目监理机构提出工作竣工验收。

（2）工程预验收通过后，总监理工程师应及时报告建设单位和编写《工程质量评估报告》文件。

（3）工程项目：指施工合同签订的达到竣工要求的工程名称。

（4）附件：指用于证明工程按合同约定完成并符合竣工验收要求的全部竣工资料。

（5）审查意见：总监理工程师组织专业监理工程师按现行的单位（子单位）工程竣工验收的有关规定逐项进行核查，并对工程质量进行验收，根据核查和预验收结果，将"未全部"、"不完整"、"不符合"或"全部"、"完整"、"符合"用横线划掉；否则，将"合格"、"可以"用横线划掉，并向承包单位列出不符合项目的清单和要求。

（6）单位（子单位）工程竣工应符合下列条件：

1）按承包合同已完成了设计文件的全部内容，且单位（子单位）工程所含分部（子分部）工程的质量均已验收合格。

2）质量控制材料完整。

3）单位（子单位）工程所含分部工程有关安全和功能的检测资料完整的。

4）主要使用功能项目的抽查结果符合相关专业质量验收规范规定。

5）观感质量验收符合要求。

6）单位工程竣工资料整理（含竣工图）符合本省《建筑工程技术资料管理规程》的要求。

（7）工程竣工预验报验程序：

1）单位（子单位）工程完成后，承包单位要依据质量标准、设计图纸等组织有关人员自检，并对检测结果进行评定，符合要求后填写《工程竣工预验报验单》并附工程验收报告和完整的质量资料报送项目监理机构，申请竣工预验收。

2）总监理工程师组织部各专业监理工程师对竣工资料进行核查；构成单位工程的各分部工程均已验收，且质量验收合格；按《建筑工程施工质量验收统一标准》附录 G（表 G.0.1-2）和相关专业质量验收规范的规定，相关资料文件完整。

3）涉及安全和使用功能的分部工程有关安全和功能检验资料，按《建筑工程施工质量验收统一标准》附录 G（表 G.0.1-3）逐项复查。不仅要全面检查其完整性（不得有漏检缺项），而且对分部工程验收时补充进行的见证抽样检验报告也要复查。

4）总监理工程师组织各专业监理工程师会同承包单位对各专业的工程质量进行全面检查、检测，按《建筑工程施工质量验收统一标准》附录 G（表 G.0.1-4）进行观感质量检查，对发现影响竣工验收的问题，签发《工程质量整改通知》，要求承包单位整改，承包单位整改完成，填报《监理工程师通知回复单》，由专业监理工程师进行复查，直至符合要求。

5) 对需要进行功能试验的工程项目（包括单机试车和无负荷试车），专业监理工程师应督促承包单位及时进行试验，并对重要项目进行现场监督、检查，必要时请建设单位和设计单位参加。专业监理工程师应认真审查试验报告单。

6) 专业监理工程师应督促承包单位搞好成品保护和现场清理。

7) 经项目监理机构对竣工资料及实物全面检查，验收合格后由总监理工程师签署《工程竣工预验报验单》和竣工报告。

8) 竣工报告经总监理工程师、监理单位法定代表人签字并加盖监理单位公章后，由施工单位向建设单位申请竣工。

9) 总监理工程师组织专业监理工程师编写质量评估报告。总监理工程师、监理单位技术负责人签字并加盖监理单位公章后报建设单位。

14. 试验室资格报审表说明

(1) 试验室资格报审是承包单位拟定的施工过程中承担施工试验工作的试验室的资格报项目监理机构审查确认。

(2) 承包单位用于施工试验的试验室无论是"自备"，还是"外委"，均应用该表报项目监理机构审核确认。

(3) 试验室：指拟定试验室的名称。

(4) _____工程：指承包单位拟定试验室承担施工试验的单位工程名称。

(5) 试验室的资质等级及试验范围：指行政主管部门颁发的试验室资质等级证书及许可的试验范围。

(6) 法定计量部门对试验室出具的计量检定证明：指法定计量部门对试验室出具的计量检定证明或法定计量部门对用于本工程的试验项目的试验设备出具的定期检定证明资料。

(7) 试验室管理制度：指试验室内部用于试验管理方面的管理制度。报审时可把管理制度目录列入附件。

(8) 试验室人员的资格证书：指对本工程进行试验的人员岗位资格证书。

(9) 本工程的试验项目及其要求：指拟定试验室承担本工程的试验项目及相应要求的清单。

(10) 专业监理工程师审查意见：专业监理工程师对承包单位所报试验室的附件资料进行审核。必要时可会同承包单位对试验室进行实地考察，以验证试验室有关资料的真实性。如认定试验室具备与本工程项目相适应的试验资质与能力，专业监理工程师签署"经审查，该试验室具备与本工程项目相适应的试验资质与能力，同意委托该试验室进行本工程项目的试（化）验工作"。如认定试验室不具备与本工程相适应的试验资质与能力，专业化监理工程应简要指出不具备之处，并签署"经审查，该试验室不具备与本工程项目相适应的试验资质与能力，不同意委托该试验室进行本工程项目的试（化）验工作"。

(11) 试验室资格报审包括两部分：质量检测单位和承包单位质量保证体系试验部门，对涉及结构安全的试块、试件和材料按有关技术标准中规定取样数量不低于30%的见证取样送检试样的试验必须由质量检测单位承担，其他试验可由承包单位质量保证体系试验部门承担。

(12) 质量检测单位是建设行政管理部门资质认证的，对其资格报审时应提供的资料包括：试验室的资质等级及试验范围、法定计量部门对试验室出具的计量检定证明、本工程的试验项目及其要求。

（13）承包单位质量保证体系试验部门，其试验人员、设备、管理制度等对试验结果的影响至关重要，而试验结果直接影响着工程施工质量的判断，因此对其试验资格报审时应提供的资料包括：试验范围、法定计量部门对试验室出具的计量检定证明或法定计量部门对用于本工程的试验项目的试验设备出具的定期检定证明资料、试验室管理制度（报审时可把管理制度目录列入附件）试验人员的资格证书、本工程的试验项目及其要求。

（14）见证取样送检：

1）总监理工程师指定一名具备见证取样送检资格的监理人员担任见证取样送检工作，并书面通知施工单位、检测单位和质量监督机构。

2）对涉及结构安全的试块、试件和材料见证取样和送检的比例不得低于有关技术标准中规定应取样数量的 30%。

3）下列试块、试件和材料必须实施见证取样和送检：

① 用于承重结构的混凝土试块；

② 用于承重墙体的砌筑砂浆试块；

③ 用于承重结构的钢筋及连接接头试件；

④ 用于承重墙的砖和混凝土小型砌块；

⑤ 用于拌制混凝土和砌筑砂浆的水泥；

⑥ 用于承重结构的混凝土中使用的掺加剂；

⑦ 地下、屋面、厕浴间使用的防水材料；

⑧ 国家规定必须实行见证取样和送检的其他试块、试件和材料。

⑨ 在市工程中，见证人员按计划对施工现场的取样和送检进行见证，在试样标志和封表上签字，并在监理日志上进行记录。

⑩ 见证人员应建立见证取样和送检记录台账。

15. 工程计量报审表说明

（1）工程计量报审是承包单位按施工合同约定，定期将经验收合格工程的工程量统计报项目监理机构审核确认。

（2）完成工程量统计报表：指承包单位按施工合同的要求（含项目监理机构确认的工程变更）完成，并经项目监理机构验收合格证明资料。

（3）工程质量合格证明资料：指项目监理机构签认的工程验收合格证明资料。

（4）专业监理工程师审查意见：专业监理工程师对承包单位所报《工程计量报审表》中的质量合格证明资料与完成工程量统计表中的各项进行对照检查。在完成工程量统计表中，凡未经监理机构进行质量验收或质量验收不合格的工程项目均不予计量。在对所报资料审查完成后，专业监理工程师应会同承包单位按施工合同的规定进行现场计量，核定工程量清单，对不符合之处应详实注明，最终签署按核定工程量作为工程款支付申请的依据。当专业监理工程师的核定量项目与承包单位的所报量的项目出入较大时，专业监理工程师应填写"工程计量审查记录"作为附件。

（5）工程计量报审程序：

1）承包单位按施工合同约定的时间，填报《工程计量报审表》，向监理机构报审。

2）专业监理工程师在收到《工程计量报审表》后，对所报资料进行审核，并于七天会同承包单位进行现场计量（专业监理工程师应在计量前 24 小时通知承包单位，承包单位为计量提供便利条件并派人参加）。

3）对经监理工程师验收合格的工程项目，按施工合同的规定对工程量予以核定，签署《工程计量报审表》。

4）未经监理机构质量验收合格的工程量或不符合施工合同规定的工程量，专业监理工程师应拒绝计量。

5）工程变更项目，按项目监理机构审核确认的《工程变更费用报审表》的工程量（工程价款）计量，承包单位未申报《工程变更费用报审表》的不予计量。

16．工程变更费用报审表说明

（1）工程变更费用报审是承包单位收到总监理工程师签认的《工程变更单》后，在施工合同约定的期限（在工程变更确认后 14 天）内就变更工程价款报项目监理机构审核确认。

（2）总监理工程师应在施工合同规定的期限（在收到工程变更费用报审表之日起 14 天）内签发《工程变更费用报审表》，在签认《工程变更费用报审表》前应与建设单位、承包单位协商。

（3）工程变更概（预）算书：指按施工合同约定的标准定额（或其他计价方法的单价）对工程变更价款的计算书。

（4）审查意见：总监理工程师指定专业监理工程师首先审核该项变更的各项手续是否齐全，其变更是否经总监理工程师批准；其次，审核承包人是否在工程变更确认后 14 天内，向专业监理工程师提出变更价款的报告，如超过此期限，视为该项目不涉及合同价款的变更。以上条件符合要求后，专业监理工程师对工程变更概（预）算书进行审核，核对工程款的计算方法是否符合施工合同的规定、计量是否准确，审查结果报总监理工程师。总监理工程师取得建设单位授权的，按施工合同规定与承包单位进行协商，达成一致后向建设单位通报协商结果；未取得建设单位授权的，总监理工程师应协助建设单位和承包单位进行协商，达成一致意见的签署协商一致的意见。如建设单位和承包单位未能达成一致意见，监理机构应提出一个暂定价格，待工程竣工结算时，以建设单位和承包单位达成的协议为准。

17．工程质量事故报告单说明

（1）工程质量事故报告单：施工过程中发生工程质量事故，承包单位就工程质量事故的有关情况及初步原因分析和处理方案向项目监理机构报告时用表。

（2）施工过程中发生工程质量事故，承包单位应及时向项目监理机构报告；当监理工程师发现工程质量事故要求承包单位报告时也用此表报告。

（3）"＿＿＿＿＿时，在＿＿＿＿＿发生＿＿＿＿＿工程质量事故"，分别填写质量事故发生的时间）质量事故发生的工程部位和质量事故的特征。

（4）经过情况、原因、初步分析及处理意见：指质量事故发生的经过、现行状况和是否已稳定，事故发生后采取的措施及事故控制的情况，事故发生原因的初步判断及初步处理方案。

18．工程质量事故处理方案报审表说明

（1）工程质量事故处理方案报审是承包单位在对工程质量事故详细调查、研究的基础上，提出处理方案后报项目监理机构审查、确认和批复。

（2）项目监理机构应对处理方案的实施进行检查监督，对处理结果进行验收。

（3）工程质量事故调查报告：指承包单位在对工程质量事故详细调查、研究的基础上提出的详细报告，一般包括以下内容：

1）质量事故的情况：质量事故发生的时间、地点、事故经过、有关的现场记录、发展变化趋势、是否已稳定等；

2）事故性质：一般事故还是重大事故；

3）事故原因：详细阐明造成质量事故的主要原因，并应附有说服力的资料、资料说明；

4）事故评估：应阐明质量事故对建筑物使用功能、安全性能等的影响，并应附有实测、演算资料和试验数据；

5）质量事故涉及的人员与主要责任者的情况等。

（4）工程质量事故处理方案：处理方案针对质量事故的状况及原因，应本着安全可靠、不留隐患、满足建筑物的使用功能要求、技术可行、经济合理，因设计造成的质量事故，应由设计单位提出技术处理方案。

（5）设计单位意见：指建设工程的设计单位对质量事故调查报告和处理方案的审查意见。若与承包单位提出的质量事故调查报告和处理方案有不同意见应一一注明，工程质量事故技术处理方案必须经设计单位同意。

（6）总监理工程师批复意见：总监理工程师应组织建设、设计、施工、监理等有关人员对质量事故调查报告和处理方案进行论证，以确认报告及方案的正确合理性，如有不同意见，应责令承包单位重报。必要时应邀请有关专家参加对事故调查报告和处理方案的论证。

（7）监理人员发现施工存在重大质量隐患，可能造成质量事故或已经造成质量事故时，应通过总监理工程师及时下达工程暂停令，要求承包单位停工整改。凡要求承包单位提交质量事故整改方案的，承包单位均应用该表向项目监理机构报审质量事故调查报告和质量事故处理方案。

19. 施工进度计划（调整计划）报审表说明

（1）施工进度计划（调整计划）报审是承包单位根据已批准施工总进度计划，按施工合同约定或监理工程师要求，编制的施工进度计划（调整计划）报项目监理机构审查、确认和批准。

（2）监理机构对施工进度的审查或批准，并不解除承包单位对施工进度计划的责任和义务。

（3）_____工程施工进度计划（调整计划）：填写所报进度计划的时间名称或调整计划的工程项目名称。

（4）施工进度计划表：根据监理机构批准的施工组织设计（方案），结合工程的大小、规模等情况，承包单位应分别编制按合同工期目标的施工总进度计划；按单位工程或按承包单位划分的分目标；按不同计划期（年、季、月）制定的施工进度计划进行报审。

（5）对施工进度计划，主要进行如下审核：

1）进度安排是否符合工程项目建设总进度，计划中总目标和分目标的要求，是否符合施工合同中开、竣工日期的规定；

2）施工总进度计划中的项目是否有遗漏，分期施工是否满足分批动用的需要和配套动用的要求；

3）施工顺序的安排是否符合施工工艺的要求；

4）劳动力、材料、构配件、施工机具及设备、施工水、电等生产要素的供应计划是否能保证进度计划的实现，供应是否均衡，需求高峰期是否有足够能力实现计划供应；

5）由建设单位提供的施工条件（资金、施工图纸、施工场地、采供的物资设备等），承包单位在施工进度计划中所提出的供应时间和数量是否准确、合理。是否有造成建设单位违约而导致工程延期和费用索赔的可能；

6）工期是否进行了优化，进度安排是否合理；

7）总、分包单位分别编制的各单项工程施工进度计划之间是否相协调，专业分工与计划衔接是否明确合理。

（6）调整计划是在原有计划已不适应实际情况，为确保进度控制目标的实现，需确定新的计划目标时对原有进度计划的调整，进度计划的调整方法一般采用通过压缩关键工作的持续时间来缩短工期及通过组织搭接作业、平行作业来缩短工期两种方法，对于调整计划，不管采取哪种调整方法，都会增加费用或涉及到工期的延长，专业监理工程师应慎重对待，尽量减少变更计划性的调整。

（7）通过专业监理工程师的审查，提出审查意见报总监理工程师，总监理工程师审核后如同意承包单位所报计划，在"1. 同意"项后打"√"，如不同意承包单位所报计划，在"2. 不同意"项后打"√"，并就不同意的原因及理由简要列明。

（8）施工进度计划（调整计划）报审程序：

1）承包单位按施工合同要求的时间编制好施工进度计划，并填报《施工进度计划（调整计划）报审表》报监理机构。

2）总监理工程师指定专业监理工程师对承包单位所报的《施工进度计划（调整计划）报审表》及有关资料进行审查，并向总监理工程师报告。

3）总监理工程师按施工合同要求的时间，对承包单位所报《施工进度计划（调整计划）报审表》予以确认或提出修改意见。

20. 施工单位申请表（通用）说明

（1）施工单位申请表是指没有专用表格，根据施工合同或监理要求又必须向监理工程师提出申请、报审或报告时用表。

（2）审查意见：专业监理工程师针对承包单位提出的申请等应进行认真的核查，并按所申请内容及时给予答复，对承包单位的申请如有不同意见时，应简要指明。涉及结构工程质量、进度、费用方面的申请应由总监理工程师批准。

（3）出现下列情况时，承包单位需采用《施工单位申请表（通用）》向监理机构申请：

1）承包单位认为监理工程师的指令不合理时，应在收到指令 24 小时内向监理机构提出修改申请；

2）承包单位按照"建筑施工合同"中约定的开工日期不能按时开工时，应当不迟于合同中约定的开工日期前 7 天，提出延期开工的理由和要求；

3）中间验收项目中无法按分项、分部工程进行报验的项目，如建筑物的沉降观测；防水工程的闭水、淋水试验；管道、设备、焊口检查和严密性试验；排水管灌水、通水试验；管道系统吹洗（脱脂）检验；锅炉烘煮炉；机械设备试运转；照明系统相零（地）通电安全检查；电机试运转；高压开关试验；绝缘接地电阻测试；避雷装置检测；通风机安装及试运转；通风系统试车；电梯试运转等；

4）可调价格合同中合同价款发生允许价款调整的原因时，应在情况发生后 14 天内，将调整原因、金额以书面形式提出；

5）工程原材料、构配件、设备采购厂家的确定，需监理工程师考察的；

6）费用索赔意向通知，应在索赔事件发生 28 天内向监理工程师提出；

7）发现文物应于 4 小时以内通知监理工程师；

8）施工测量方案；重要部位、关键工序；砂浆、混凝土强度试验报告及外观检测资料；

9）其他监理规范要求没有专用表格的需申请、报审、请示、申报和报告的事项。

21．监理通知

（1）在监理工作中，项目监理机构按委托监理合同授予的权限，对承包单位发出指令、提出要求，除另有规定外，均应采用此表。监理工程师现场发出的口头指令及要求，也应采用此表予以确认。

（2）监理通知，承包单位应签收和执行，并将执行结果用《监理工程师通知回复单》报监理机构。

（3）事由：指通知事项的主题。

（4）内容：在监理工作中，项目监理机构按委托监理合同授予的权限，对承包单位所发出的指令提出要求。针对承包单位在工程施工中出现的不符合设计要求，不符合施工技术标准，不符合合同约定的情况及偷工减料，使用不合格的材料、构配件和设备，纠正承包单位在工程质量、进度、造价等方面的违规、违章、违程行为。

（5）承包单位对监理工程师签发的监理通知中的要求有异议时，应在收到通知后 24 小时内用《施工单位申请表（通用）》，向项目监理机构提出修改申请，要求总监理工程师予以确认，但在未得到总监理工程师修改意见前，承包单位应执行专业监理工程师下发的《监理通知》。

22．工程暂停令说明

（1）施工过程中发生了需要停工处理事件，总监理工程师签发停工指令用表。

（2）工程暂停指令，总监理工程师应根据暂停工程的影响范围和影响程度，按照施工合同和委托监理合同的约定签发。

（3）工程暂停原因是由承包单位的原因造成时，承包单位申请复工时，除了填报"工程复工报审表"外，还应报送针对导致停工原因所进行的整改工作报告等有关材料。

（4）工程暂停原因是由于非承包单位的原因造成时，也就是建设单位的原因或应由建设单位承担责任的风险或其他事件时，总监理工程师在签发工程暂停令后，应尽快按施工合同的规定处理因工程暂停引起的与工期、费用等有关问题。

（5）由于_____原因：应简明扼要的准确填写工程暂停原因。暂停原因主要有：

1）建设单位要求暂停施工，工程需要暂停施工；为了保证工程质量而需要进行停工处理的；

2）未经监理机构审查同意，擅自变更设计或修改施工方案进行施工的；

3）有特殊要求的施工人员未通过专业监理工程师审查或经审查不合格进入现场施工的；

4）擅自使用未经监理机构审查认可的分包单位进入现场施工的；

5）使用未经专业监理工程师验收或验收不合格的材料，构配件、设备或擅自使用未经审查认可的代用材料的；

6）工序施工完成后，未经监理机构验收或验收不合格的而擅自进行下一道工序施工的；

7）隐蔽工程未经专业监理工程师验收确认合格而擅自隐蔽的；

8）施工中出现质量异常情况，经监理机构指出后，承包单位未采取有效改正措施或措施不力、效果不好仍继续作业的；

9）已发生质量事故迟迟不按监理机构要求进行处理，或已发生质量隐患、质量事故，如不停工则质量隐患、质量事故将继续发展，或已发生质量事故，承包单位隐蔽不报，私自处理的；

10）施工出现了安全隐患，总监理工程师认为有必要停工以消除隐患；

11）发生了必须暂时停止施工的紧急事件；

12）承包单位未经许可擅自施工，或拒绝项目管理机构管理。

"＿＿＿＿部位（工序）"：指根据停工原因的影响范围和影响程度，填写本暂停指令所停工工程的范围。

要求做好各项工作：指工程暂停后要求承包单位所做有关工作，如对停工工程的保护措施，针对工程质量问题的整改、预防措施等。

（6）引发停工的建设单位原因一般有：

1）资金不到位；

2）项目的计划发生改变；

3）征地、拆迁未落实；

4）供应材料不及时、不到位；

5）项目施工许可证不齐备等。

（7）引发停工的承包单位原因一般有：

1）没有有效的质量保证体系；

2）发生质量问题或事故需停工处理；

3）存在安全隐患急需排除；

4）污染环境的违法行为等。

（8）引发停工的其他原因：

1）台风、地震等不可抗力；

2）发现文物进行处理；

3）地质资料与实际不相符需等待处理方案的；

4）施工中发现设计缺陷、错误需修改或其他原因发生施工图不能满足施工需要的。

（9）当引起工程暂停的原因不是非常紧急（如由于建设单位的资金问题、拆迁等），同时工程暂停会影响一方（尤其是承包单位）的利益时，总监理工程师应在签发暂停令之前，就工程暂停引起的工期和费用补偿等与承包单位、建设单位进行协商，如果总监理工程师认为暂停施工是妥善解决的较好办法时，也应当签发工程暂停令。

（10）签发工程暂停令时，必须注明是全部停工还是局部停工，不得含混。

建设单位要求停工的，但是监理工程师经过独立判断，也认为有必要暂停施工时，可签发工程暂停指令，反之，经过总监理工程师的独立判断，认为没有必要停工，则不应签发工程暂停令。

（11）当发生《建设工程监理规范》第 6.1.2 条中第 2.3.4 款的情况时，不论建设单位是否要求停工，总监理工程师均应按程序签发工程暂停令。

23. 工程款支付证书说明

（1）工程款支付证书是项目监理机构在收到承包单位的《工程款支付申请表》，根据施工合同和有关规定审查复核后签署的应向承包单位支付工程款的证明文件。

（2）建设单位：指建筑施工合同中的发包人。

（3）承包单位申报款为：指承包单位向监理机构填报《工程款支付申请表》中申报的工程款项。

（4）经审核承包单位应得款：指经专业监理工程师对承包单位向监理机构填报《工程款支付申请表》后，核定的工程款额。包括合同内工程款、工程变更增减费用、经批准的索赔费用的。

（5）本期应扣款为：指施工合同约定本期应扣除的预付款、保留金及其他应扣除的工程款的总和。

（6）本期应付款为：指经审核承包单位应得款额减本期应扣款额的余额。

（7）承包单位的工程付款申请表及附件：指承包单位向监理机构填报的《工程款支付申请表》及其附件。

（8）项目监理机构审查记录：指总监理工程师指定专业监理工程师，对承包单位向监理机构申报的《工程款支付申请表》及其附件的审查记录。

（9）总监理工程师指定专业监理工程师对工程款支付申请中包括合同内工作量、工程变更增减费用，经批准的费用索赔、应扣除的预付款、保留金及施工合同约定的其他支付费用等项目应逐项审核，并填写审查记录，提出审查意见报总监理工程师审核签认。

24．工程质量整改通知说明

（1）工程质量整改通知是项目监理机构组织工程质量验收，工程质量不符合要求的通知用表。

（2）承包单位按《工程质量整改通知》的要求整改完毕，用《监理工程师通知回复单》报项目监理机构复核。

（3）对同一验收项目，连续三次仍达不到工程质量验收规范要求，项目监理机构可采取停工、要求撤换施工人员的措施（采取措施前应与建设单位协商）。

（4）"_____部位"：填写未达到工程质量验收规范项目所在的工程部位。

（5）"不符合_____规定"：填写判定工程质量未达到要求所依据的工程质量验收规范条目。

（6）要求：指项目监理机构对承包单位处理未达到工程质量验收规范项目的要求。如返修、返工、检验鉴定等。

（7）试验（检验）证明：指未达到工程质量验收规范项目的验收记录，说明设计和工程质量验收规范的要求，工程质量与其不符合的事实。

25．工程最终延期审批表说明

（1）工程最终延期审批是在影响工期事件结束，承包单位提出最后一个《工程临时延期申请表》批准后，经项目监理机构详细的研究评审影响工期事件全过程对工程总工期的影响后，批准承包单位有效延期时间。

（2）总监理工程师在签认工程延期前应与建设单位、承包单位协商，宜与费用索赔一并考虑处理。

（3）"根据施工合同条款_____条的规定，我方对你方提出的_____工程延期申请……"：分别填写处理本次延长工期所依据的施工合同条目和承包单位申请延长工期的原因。

（4）"（第____号）"：填写承包单位提出的最后一个《工程临时延期申请表》编号。

（5）审批意见：在影响工期事件结束，承包单位提出最后一个《工程临时延期申请表》批准后，总监理工程师应指定专业监理工程师复查工程延期及临时延期有关的全部情况，详细的研究评审影响工期事件对工程总工期的影响程度，应由建设单位承担的责任和承包单位采取缩小延期事件影响的措施等。根据复查结果，提出同意工期延长的日历天数，或不同意延长工期的意见，报总监理工程师最终审批，若不符合施工合同约定的工程延期条款或经计算不影响最终工期，项目监理机构总监理工程师在不同意延长工期前"□"内划"√"，需延长工期时在同意延长工期前"□"内划"√"。

（6）同意工期延长的日历天数为：由影响工期事件原因使最终工期延长的总天数。

（7）原竣工日期：指施工合同签订的工程竣工日期或已批准的竣工日期。

（8）延迟到的竣工日期：原竣工日期加上同意工期延长的日历天数后的日期。

（9）说明：详细说明本次影响工期事件和工期拖延的事实和程度，处理本次延长工期所依据的施工合同条款，工期延长计算所采用的方法及计算过程等。

（10）工程延期的最终延期时间应是承包单位的最后一个延期批准后的累计时间，但并不是每一项延期时间的累加，如果后面批准的延期内包含前一个批准延期的内容，则前一项延期的时间不能予以累计。

（11）工程延期审批的依据：承包单位延期申请能够成立并获得总监理工程师批准的依据如下：

1）工期拖延事件是否属实，强调实事求是；

2）是否符合本工程合同规定；

3）延期事件是否发生在工期网络计划图的关键线路上，即延期是否有效合理；

4）延期天数的计算是否正确，证据资料是否充足。

上述4条中，只有同时满足前三条，延期申请才能成立。至于时间的计算，监理工程师可能根据自己的记录，作出公正合理的计算。

上述前三条中，最关键的一条就是第三条，即：延期事件是否发生在工期网络计划图的关键线路上。因为在承包单位所报的延期申请中，有些虽然满足前两个条件，但并不一定时有效和合理的，只有有效和合理的延期申请才能被批准。也就是说，所发生的工期拖延工程部分项目必须时会影响到整个工程工期的工程项目，如果发生工期拖延的工程部分项目并不影响整个工程完工期，那么批准延期就没有必要了。

项目是否在关键线路上的确定，一般常用方法是：监理工程师根据最新批准的进度计划来确定关键线路上的工程项目。利用网络图来确定关键线路，是最直观的方法。

（12）延期审批应注意的问题：

1）关键线路并不是固定的，随着工程进展，关键线路也在变化，而且是动态变化。随着工程进展的实际情况，有时在计划调整后，原来的非关键线路有可能变为关键线路，专业监理工程师要随时记录并注意。

2）关键线路的确定，必须是依据最新批准的工程进度计划。

（13）工程延期时间的确定：计算工程延期批准值的直接方法就是通过网络分析计算，但是对于一些工程变更或明显处于关键线路上的工程延误，也可以通过比例分析法或实测法得出结果。

26.砌体、混凝土检验批认可通知说明

（1）砌体/混凝土检验批验收认可通知是砂浆/混凝土强度试验报告补报后，监理工程师经审核对检验批签发的质量证明文件。

（2）砂浆/混凝土强度试验报告用《施工单位申请表》（通用）向监理机构申报，并应注明对应的砌体/混凝土检验批所在部位，砌体/混凝土检验批工程报验表的编号。

（3）补报单号：指报送砌体/混凝土试验报告的《施工单位申请表》的编号。

（4）部位：指砂浆/混凝土强度报告对应的砌体/混凝土检验批项目所在部位。

（5）专业监理工程师审查意见：专业监理工程师经对承包单位补报的砂浆/混凝土强度试验报告及对应的砌体/混凝土检验批的原报验资料（以及所用水泥的28天试验报告）的审核，符合要求的将"不符合"、"不合格"划掉，不符合要求的将"符合"、"合格"划掉。

（6）砂浆/混凝土强度试验报告：指经项目监理机构认可的实验室出具的、与检验批报验相对应的砂浆/混凝土强度试验报告。当工程有特殊要求时应包括相应的试验报告。

（7）检验批原验收资料：指相应的砌体/混凝土检验批经项目监理机构认可的原报验资料。

27. 监理规划编制说明

（1）监理规划是结合项目具体情况制定的指导整个项目监理工作开展的纲领性文件。

（2）监理规划在签订委托监理合同及收到设计文件后由总监理工程师主持，专业监理工程师共同参加编制。

（3）监理规划封面由总监理工程师及编制人员、监理单位技术负责人签字，并加盖监理单位公章。

（4）编制监理规划应依据：

1）建设工程的相关法律、法规及项目审批文件；

2）与建设工程项目有关的标准、设计文件、技术资料；

3）监理大纲、委托监理合同文件以及与建设工程项目相关的合同文件。

（5）监理规划应包括以下主要内容：

1）工程项目概况；

2）监理工作范围；

3）监理工作内容；

4）监理工作目标；

5）监理工作依据；

6）项目监理机构的组织形式；

7）项目监理机构的人员配备计划；

8）项目监理机构的人员岗位职责；

9）监理工作程序；

10）监理工作方法及措施；

11）监理工作制度；

12）监理设施。

（6）根据原建设部《房屋建筑工程施工旁站监理管理办法（试行）》（建市〔2002〕189号）的通知，项目监理机构应结合工程实际情况编写切实可行的旁站监理方案。旁站监理方案应包括旁站监理的范围、内容、程序和旁站监理人员的职责等。且旁站监理的范围、内容不得少于该办法所规定的房屋建筑工程的关键部位、关键工序。

（7）旁站监理方案应当送建设单位和施工企业各一份，并抄送工程所在地的建设行政主管部门或其委托的工程质量监督机构。

28. 监理实施细则编制说明

（1）监理实施细则是在监理规划指导下，专业监理工程师针对具体情况制定的具有实施性和可操作性的业务文件。

（2）二等及以上工程项目或专业性强、技术复杂的项目应分专业编写监理实施细则。

（3）监理实施细则由专业监理工程师编写、项目总监理工程师审批，其编制程序与依据应符合以下要求：

监理实施细则应在相应工程施工前开始编制完成，并必须经总监理工程师批准；

编制监理实施细则的依据：

1）已批准的监理规划；

2）与专业工程相关的标准、设计文件和技术资料；

3）施工组织设计。

（4）监理实施细则应包括下列主要内容：

1）专业工程的特点；

2）监理工作的流程；

3）监理工作的控制要点及目标值；

4）监理工作的方法及措施。

29. 监理月报

（1）工程施工过程中，项目监理机构就工程实施情况和监理工程定期向建设单位所做的报告。

（2）监理月报由项目总监理工程师组织各专业监理工程师编写，并应包括以下内容：

1）本月工程概况；

2）本月工程形象进度；

3）工程进度：①本月实际完成情况与计划进度比较；②对进度完成情况及采取措施效果的分析。

4）工程质量：①本月工程质量情况分析；②本月采取的工程质量措施及效果。

5）工程计量与工程款支付：①工程量审核情况；②工程款审批情况及月支付情况；③工程款支付情况分析；④本月采取的措施及效果。

6）合同其他事项的处理情况：①工程变更；②工程延期；③费用索赔。

7）本月监理工作小结：①对本月进度、质量、工程款支付等方面情况的综合评价；②本月监理工作情况；③有关本工程的意见和建议；④下月监理工作的重点。

8）工程照片（有必要时）。

30. 监理会议纪要

（1）监理会议纪要指由项目监理机构主持的会议纪要，它包括工地例会纪要和专题会议纪要。

（2）工地例会是总监理工程师定期主持召开的工地会议，其内容主要包括：

1）检查上次例会议定事项的落实情况，分析未完事项原因；

2）检查分析工程项目进度计划完成情况，提出下一阶段进度目标及落实措施；

3）检查分析工程项目质量状况，针对存在的质量问题提出改进措施；

4）检查工程量核定及工程款支付情况；

5）解决需要协调的有关的事项；

6）其他有关事宜。

（3）专题会议是为解决施工过程中的某一问题而召开的不定期会议，会议应有主要议题。

1）会议纪要由项目监理机构起草，与会各方代表签字。

2）主要议题：应简明扼要的写清楚会议的主要内容及中心议题（即与会各方提出的主要事项和意见），工地例会还包括检查上次例会议定事项的落实情况。

3）解决或议定事项：应写清楚会议达成的一致意见、下步工作安排和对未解决问题的处理意见。

31. 专题报告（总结）

（1）施工工程中，项目监理机构就某项工作、某一问题、某一任务或某一事件向建设单位所做的报告。

（2）专题报告应用标题点明报告的事由和性质，主体内容应详尽的阐述报告事项的事实、问题和建议或处理结果。

（3）专题报告由报告人、总监理工程师签字，并加盖项目监理机构公章。

（4）施工过程中的合同争议、违约处理等可采用专题报告（总结），并附有关记录。

32. 合同争议处理意见

（1）工程实施过程中出现合同争议时，项目监理机构为调解合同争议所达成（提出）的处理意见。

（2）项目监理机构接到合同争议的调解要求后应进行以下工作：

1）及时了解合同争议的全部情况，包括进行调查和取证；

2）及时与合同争议的双方进行磋商；

3）在项目监理机构提出调解方案后，由总监理工程师进行争议调解；

4）当调解未能达成一致时，总监理工程师应在施工规定的期限内提出处理该合同争议的意见；

5）在争议调解过程中，除已达到了施工合同规定的暂停履行合同条件之外，项目监理机构应要求合同双方继续履行施工合同。

（3）在总监理工程师签发合同争议处理意见后，建设单位或承包单位在施工合同规定的期限内未对合同争议处理决定提出异议，在符合施工合同的前提下，此意见应成为最后的决定，双方必须执行。

（4）在合同争议的仲裁或诉讼过程中，项目监理机构接到仲裁机关或法院要求提供有关证据的通知后，应公正地向仲裁机关或法院提供与争议有关的证据。

（5）合同争议处理意见由总监理工程师签字盖章，并在施工合同约定的时间内送达建设单位和承包单位双方。

33. 合同变更资料

（1）合同变更资料包括施工过程中建设单位与承包单位的合同补充协议和合同解除有关资料。

（2）施工合同解除必须符合法律程序，合同解除时项目监理机构应依据 GB 50319—2000《建设工程监理规范》第 6.6 款处理善后工作，并详实记录处理的过程和有关事项等。

34. 工程质量评估报告的编写说明

(1) 工程质量评估报告是项目监理机构对被监理工程的单位（子单位）工程施工质量进行总体评价的技术性文件。

(2) 工程质量评估报告是在项目监理机构签认单位（子单位）工程预验收后，总监理工程师组织专业监理工程师编写。

(3) 工程质量评估报告由总监理工程师和监理单位技术负责人签字，并加盖监理单位公章。

(4) 工程质量评估报告应包括下列主要内容：

1) 工程概况；

2) 单位（子单位）工程所包含的分部（子分部）分项工程、并逐项说明其施工质量验收情况；

3) 质量控制资料验收情况；

4) 工程所含分部工程有关安全和功能的检测验收情况及检测资料的完整性核查情况；

5) 竣工图核查情况；

6) 观感质量验收情况；

7) 施工过程质量事故及处理结果；

8) 对工程施工质量验收意见的建议。

35. 工程竣工结算审核意见书的编写说明

(1) 工程竣工结算审核意见书指总监理工程师签发的工程竣工结算文件或提出的工程竣工结算合同争议处理意见。

(2) 工程竣工结算审查应在工程竣工报告确认后依据施工合同及有关规定进行。

(3) 工程竣工结算审核意见书应包括下列内容：

1) 合同工程价款、工程变更价款、费用索赔合计金额、依据合同规定承包单位应得的其他款项；

2) 工程竣工结算的价款总额；

3) 建设单位已支付工程款、建设单位向承包单位的费用索赔合计金额、质量保修金额、依据合同规定应扣承包单位的其他款项；

4) 建设单位应支付金额。

(4) 竣工结算审查程序：

1) 承包单位按施工合同规定向项目监理机构报送竣工结算报表；

2) 专业监理工程师审核承包单位报送的竣工结算报表；

3) 总监理工程师审定竣工结算报表，与建设单位、承包单位协商一致后，签发竣工结算文件和最终的工程款支付证书报建设单位。当工程竣工结算的价款总额与建设单位和承包单位无法协商一致时，应按 GB 50319—2000《建设工程监理规范》第 6.5 节的规定进行处理，提出工程竣工结算合同争议处理意见。

36. 监理工作总结

(1) 监理工作总结是监理单位对履行委托监理合同情况及监理工作的综合性总结。

(2) 监理工作总结由总监理工程师组织项目监理机构有关人员编写。

(3) 监理工作总结由总监理工程师和监理单位负责人签字，并加盖监理单位公章。

(4) 施工阶段监理工作结束时，监理单位应向建设单位提交监理工作总结。

（5）监理工作总结的内容：

1）工程概况；

2）监理组织机构、监理人员和投入的监理设施；

3）监理合同履行的情况；

4）监理工作成效；

5）施工过程中出现的问题及其处理情况和建议；

6）工程照片（有必要时）。

37. 监理日志填写说明

（1）监理日志是项目监理机构在被监理工程施工期间每日记录气象、施工记录、监理工作及有关事项的日记。

（2）监理日志应使用统一制式的《监理日志》，每册封面应标明工程名称、册号、记录时间段及建设单位、设计单位、施工单位、监理单位名称，并由总监理工程师签字。

（3）监理人员应及时填写监理日志并签字。

（4）监理日志不得补记，不得隔页或扯页以保持其原始记录。

（5）监理日志主要内容：

施工记录：指施工人数、作业内容及部位，使用的主要施工设备、材料等；对主要的分部、分项工程开工、完工做出标记。

主要事项记载：指记载当日的下列监理工程内容和有关事项：

1）施工过程巡视检查和旁站监理、见证取样送检；

2）施工测量放线、工程报验情况及验收结果；

3）材料、设备、构配件和主要施工机械设备进场情况及进场验收结果；

4）施工单位资料报审及审查结果；

5）施工图、交接、工程变更的有关事项；

6）所发监理通知（书面或口头）的主要内容及签发、接收人；

7）建设单位、施工单位提出的有关事宜及处理意见；

8）工地会议议定的有关事项及协调确定的有关问题；

9）工程质量事故（缺陷）及处理方案；

10）异常事件（可能引发索赔的事件）及对施工的影响情况；

11）设计人员到工地及处理、交待的有关事宜；

12）质量监督人员、有关领导来工地检查、指导工作情况及有关指示；

13）其他重要事项。

38. 旁站监理记录表填写说明

（1）旁站监理记录是指监理人员在房屋建筑工程施工阶段监理中，对关键部位、关键工序的施工质量，实施全过程现场跟班的监督活动所见证的有关情况的记录。

（2）房屋建筑工程的关键部位、关键工序包括：在基础工程方面包括土方回填、混凝土灌注桩浇筑，地下室连续墙、土钉墙、后浇带及其他混凝土、防水混凝土浇筑，卷材防水层细部构造处理，钢结构安装。主体结构工程方面：梁柱节点钢筋隐蔽过程、混凝土浇筑、预应力张拉、装配式结构安装、钢机构安装、网架结构安装、索膜安装。

（3）承包单位根据项目监理机构制定的旁站监理方案，在需要实施的关键部位、关键工序进行施工前 24 小时，书面通知项目监理机构。

（4）凡旁站监理人员和承包单位现场质检人员未在旁站监理记录上签字的不得进行下一道工序的施工。

（5）凡第 2 款规定的关键部位、关键工序未实施旁站监理或没有旁站监理记录的，专业监理工程师或总监理工程师不得在相应文件上签字。

（6）旁站监理记录在工程竣工验收后，由监理单位归档备查。

（7）施工情况：指所旁站部位（工序）的施工作业内容、主要施工机械、材料、人员和完成的工程数量等。

（8）监理情况：指旁站人员对施工作业情况的监督检查，其主要内容包括：

1）承包单位现场质检人员到岗情况、特殊工种人员持证上岗以及施工机械、建筑材料准备情况；

2）在现场跟班监督关键部位、关键工序的施工执行施工方案以及工程建设强制性标准情况；

3）核查进场建筑材料、建筑构配件、设备和商品混凝土的质量检验报告等。

39．监理工作联系单说明

（1）在施工过程中，与监理有关各方工作联系用表。即与监理有关的某一方需向另一方或几方告知某一事项或督促某项工作、提出某项建议等，对方执行情况不需要书面回复时均用此表。

（2）事由：指需要联系事项的主题。

（3）内容：指需要联系的详细说明，要求内容完整、齐全，技术用语规范，文字简练明了。

（4）单位：指提出监理工作联系事项的单位。填写本工程现场管理机构名称全称并加盖公章。

（5）负责人：指提出监理工作联系事项单位在本工程的负责人。

（6）联系事项主要包括：

1）工地会议时间、地点安排；

2）建设单位向监理机构提供的设施、物品及监理机构在监理工作完成后向建设单位移交设施及剩余物品；

3）建设单位及承包单位就本工程及本合同需要向监理机构提出保密的有关事项；

4）建设单位向监理机构提供的与本工程合作的原材料、构配件、机械设备生产厂家名录以及与本工程有关的协作单位、配合单位的名录；

5）按《建设工程委托监理合同》监理单位权利中需向委托人书面报告的事项；

6）监理单位调整监理人员；建设单位要求监理单位更换监理人员；

7）监理费用支付通知；

8）监理机构提出的合理化建议；

9）建设单位派驻及变更施工场地履行合同的代表姓名、职务、职权；

10）紧急情况下无法与专业监理工程师联系时，项目经理在采取保证人员生命和财产安全的紧急措施，并在采取措施后 48 小时内向专业监理工程师提交的报告；

11）对不能按时开工提出延期开工理由和要求的报告；

12）实施爆破作业、在放射毒害环境中施工及使用毒害性、腐蚀性物品施工，承包单位在施工前 14 天以内向专业监理工程师提出监理的书面通知；

13）可调价合同发生实体调价的情况时，承包单位向专业监理工程师发出的调整原因、金额的书面通知；

14）索赔意向通知；

15）发生不可抗力事件，承包单位向专业监理工程师通报受害损失情况；

16）在施工中发现的文物、地下障碍物向专业监理工程师提出的书面汇报；

17）其他各方需要联系的事宜。

40．工程变更单说明

（1）在施工过程中，建设单位、承包单位提出工程变更要求报项目监理机构的审核确认。

（2）原因：指引发工程变更的原因。

（3）"提出_____工程变更"：填写要求工程变更的部位和变更题目。

（4）附件：应包括工程变更的详细内容、变更的依据，工程变更对工程造价及工期的影响分析和影响程度，对工程项目的功能、安全的影响分析，必要的附图等。

（5）提出单位：指提出工程变更的单位。

（6）一致意见：项目监理机构经与有关方面协商达成的一致意见。

（7）建设单位代表：指建设单位驻施工现场履行合同的代表。

（8）设计单位代表：指设计单位派驻施工现场的设计代表或与工程变更内容有关专业的原设计人员或负责人。

（9）项目监理机构：指项目总监理工程师。

（10）承包单位代表：指项目经理。承包单位代表签字仅表示对有关工期、费用处理结果的签认和工程变更的收到。

注意事项如下：

（1）我国施工合同范本规定的工程变更程序：

1）建设单位提前书面通知承包人有关工程变更或承包单位提出变更申请经工程师和发包人同意变更；

2）由原设计单位出图并在实施前 14 天交承包单位。如超出原设计标准或设计规模时，应由发包人按原程序报审；

3）承包人在收到工程变更后 14 天提出变更价款，提交工程师确认；

4）工程师在收到变更价款报告后的 14 天必须审查完变更价款报告后，并确认变更价款；

5）变更价款不能协商一致时，按合同争议的方式解决。

（2）工程变更的处理程序：

1）设计单位对原设计存在的缺陷提出的工程变更，应编制设计变更文件；建设单位或承包单位提出的工程变更，应提交总监理工程师，由总监理工程师组织专业监理工程师审查。审查同意后，应由建设单位转交原设计单位编制设计变更文件。当工程变更涉及安全、环保等内容时，应按规定经有关部门审定。

2）项目监理机构应了解实际情况和收集与工程变更有关的资料。

3）总监理工程师必须根据实际情况、设计变更文件和其他有关资料，按照施工合同的有关条款，在指定专业监理工程师完成下列工作后，对工程变更的费用和工期作出评估：① 确定工程变更项目与原工程项目之间的类似程度和难易程度；②确定工程变更项目的工程量；③确定工程变更的单价或总价。

4）总监理工程师应就工程变更费用及工期的评估情况与承包单位和建设单位进行协调。

5）总监理工程师签发工程变更单。工程变更单应符合格式要求，并应包括工程变更要求、工程变更说明、工程变更费用和工期、必要的附件等内容，有设计变更文件的工程变更应附设计变更文件。

6）项目监理机构应根据工程变更单监督承包单位实施。

（3）项目监理机构在处理工程变更中的权限：

1）所有工程变更必须经过总监理工程师的签发，承包单位方可实施。

2）建设单位或承包单位提出工程变更时应经总监理工程师审查。

3）项目监理机构对工程变更的费用和工期作出评估只是作为与建设单位、承包单位进行协商的基础。没有建设单位的充分授权，监理机构无权确定工程变更的最终价格。

4）当建设单位与承包单位就工程变更的价格等未能达成一致时，监理机构有权确定暂定价格来指令承包单位继续施工和便于工程进度款的支付。

（4）工程变更审批的原则：

工程变更的管理与审批的一般原则应为：首先考虑工程变更对工程进展是否有利；第二要考虑工程变更可以节约工程成本；第三应考虑工程变更更是兼顾建设单位、承包单位或工程项目之外其他第三方的利益，不能因工程变更而损害任何一方的正当权益；第四必须保证变更工程符合本工程的技术标准；最后一种情况为工程受阻，如遇到特殊风险、人为阻碍、合同一方当事人违约等不得不变更工程。

总之，监理工程师应注意处理好工程变更问题，并对合理的确定工程变更后的估价与费率非常熟悉，以免引起索赔或合同争端。

浙江省监理资料编制实例

3.1 《浙江省建设工程（施工阶段）监理工作基本表式》

（1）编制说明。

根据《建筑法》、《建设工程质量管理条例》、《浙江省建设工程监理管理条例》和 GB 50319—2000《建设工程监理规范》，结合浙江省监理工作实际，由浙江省建设厅组织有关单位对原《工程建设监理（施工阶段）规范化用表》进行了修订，形成了《浙江省建设工程（施工阶段）监理工作基本表式》（以下简称《基本表式》）。

《基本表式》共有 33 种表式，分为 A、B、C、D 四类：A 类表为承包单位用表，B 类表为监理单位用表，C 类表为各方通用表，D 类表为监理单位内部管理用表。《基本表式》适用于浙江省各类建设工程监理工作。

《基本表式》中的表式，可一表多用。对于《基本表式》所涉及的有关工程质量方面的附表，由于各行业、各部门的专业要求不同，各类工程的质量验收应按相关专业验收规范及相关表式的要求办理。如果没有相应的表式，工程开工前，项目监理机构应与建设单位、承包单位根据工程特点、质量要求、竣工及归档组卷要求进行协商，确定质量验收标准并制定相应的表式，并就其使用要求在第一次工地会议时或采用前通知有关各方。

（2）填表基本要求。

1）《基本表式》应采用碳素墨水、蓝黑墨水书写或黑色碳素印墨打印。

2）填写《基本表式》应使用规范的语言，法定计量单位，公历年、月、日。签署人签名应采用惯用笔迹亲笔手签。

3）各表申报或报审应当遵循合同、规范所规定的程序，且该程序应在监理规划中明确。

4）各表中项目监理机构意见只有总监理工程师和专业监理工程师才能签署。若表中标明总监理工程师签字，则必须由总监理工程师综合专业监理工程师意见后签署；若表中标明总/专业监理工程师签字，则由专业监理工程师或总监理工程师签署；若表中标明专业监理工程师签字，则可由专业监理工程师签署；各类表中总监理工程师均有权签字确认。总监理工程师代表在总监理工程师授权范围内，可行使相应的签字权。

5）《基本表式》中"□"表示可选择项，被选中的栏目以"√"表示。

（3）有关表式使用说明。

1）A1-1 工程开工报审表。

此表用于工程项目开工施工。

如整个项目一次开工，只填报一次；如工程项目中涉及较多单位工程，且开工时间不同，则每个单位工程开工都应填报一次。

承包单位应对表中所列八项准备工作逐一落实，自查符合要求后在该项"□"内打"√"，同时报送相关证明资料。

对具备开工条件的工程，总监理工程师签署意见中应明确开工日期。

2）A1-2 复工报审表。

此表用于工程暂停原因消失时，承包单位申请恢复施工。总监理工程师签署审查意见前，宜向建设单位报告。

当工程暂停原因是由承包单位的原因引起时，表中"附件"系指承包单位提交的整改情况和预防措施报告。

符合复工条件在同意复工项"□"内打"√"，并注明同意复工的时间；不符合复工条件在不同意复工项"□"内打"√"，并注明原因和对承包单位的要求。

3）A2 施工组织设计（方案）报审表。

此表用于承包单位报审施工组织设计（方案）。施工过程中，如经批准的施工组织设计（方案）发生改变，变更后的方案报审时，也采用此表。《建设工程监理规范》第 5.4.2、5.4.3 款中，承包单位对重点部位、关键工序的施工工艺、新工艺、新材料、新技术、新设备的专项施工方案报审，也采用此表。

4）A3 分包单位资格报审表。

表中专业监理工程师应是与分包部分主项专业一致的专业监理工程师，其审查重点为专业能力是否能胜任分包工程。总监审核重点为该部分能否分包、分包方资质材料是否齐全。

5）A4 承包单位通知单。

对分项、分部（子分部）工程等验收承包单位应在规定时间前填写此表通知项目监理机构验收内容、验收时间和地点。

对需实施旁站监理的关键部位、关键工序进行施工前 24 小时，承包单位填写此表通知监理机构。

6）A5 承包单位报审表（通用）。

此表为承包单位报审通用表格，主要用于混凝土工程浇捣施工、混凝土工程主体结构拆模、施工安全检查等不适宜采用 A5-3 表的承包单位报审。

7）A5-3 工程报验申请表。

用于隐蔽工程的检查和验收时，承包单位完成自检，填报此表提请监理人员确认。在填报此表时应附有相应工序和部位的工程质量检查相关资料。

用于检验批、分项、分部（子分部）、单位（子单位）工程质量验收报审时，应附有相关的质量验收标准要求的资料及规范规定的表格。

8）A6 工程款支付申请表。

表中附件是指与付款申请有关的资料，如已完成合格工程的工程量清单、价款计算及其他和付款有关的证明文件和资料。

9）A8 工程临时延期申请表。

表中证明材料指与合同条款相吻合的延期事件有无发生的书面材料，包括施工日记与监理日记一致的内容。

10）A10 工程材料/构配件/设备报审表。

表中"数量清单"应用表格形式填报,内容包括名称、规格、单位、数量、生产厂家、出厂合格证、批号、复试/检验记录编号等内容。

按规定需实行见证取样送检的材料、构配件、设备应提供复试/检验报告。

质量证明文件系指出厂合格证、复试/检验报告、准用证、商检证等。

11)A11 工程竣工报验单。

表中附件是指可用于证明工程已按合同约定完成并符合竣工验收要求的资料。

12)A12 第_____周拟实施工程项目请示单。

表中监理工程师答复是指监理工程师判断承包单位能否完成本周工作而作的答复,如某项能完成则签"同意",否则签"不同意";监理工程师还应注意本周工作是否与进度计划相吻合。

对于三等工程,根据实际情况可将报告周期放宽至"月"。

13)A13 第_____周完成工程报告单。

表中监理工程师答复是指监理工程师判断或证明承包单位有无实际完成;表中审核说明用于指出工作超前或拖延是否容许。

对于三等工程,根据实际情况可将报告周期放宽至"月"。

14)A14 工程质量/安全问题(事故)报告单。

发生工程质量/安全问题(事故)时,承包单位应在规定时间内,填报此表通知项目监理机构。

15)A16 价格调整报审表。

用于可调价格合同的执行。

16)B1 监理工程师通知单。

在监理工作中,项目监理机构按委托监理合同授予的权限,对承包单位所发出的指令、提出的要求,除另有规定外,均应采用此表。监理工程师现场发出的口头指令及要求,也应采用此表予以确认。

17)B2 工程暂停令。

总监理工程师下达工程暂停令前,宜向建设单位报告。

18)B4 工程临时延期审批表、B5 工程最终延期审批表。

表中"说明",是指总监理工程师同意或不同意工程临时延期,或工程最终延期的理由和依据。

19)B7 单位(子单位)工程质量评估报告。

此报告是项目监理机构对被监理工程的单位(子单位)工程施工质量进行总体评价的技术性文件。由总监理工程师组织专业监理工程师编写,报经监理单位技术负责人审核,并加盖监理单位公章。

"内容提要"中所列的八项内容仅为工程质量评估报告的基本内容。项目监理机构可以根据工程项目实际,对其他需要说明的事项加以增补。

20)C1 监理工作联系单。

施工过程中,与监理有关各方进行工作联系的用表。即与监理有关的某一方需向另一方或几方告知某一事项或督促某项工作、提出某项建议等,对方执行情况不需要书面回复时均用此表。

21）C2 工程变更。

附件应包括工程变更的详细内容，变更的依据，对工程造价及工期的影响程度，对工程项目功能、安全的影响分析及必要的图示。

承包单位签字仅表示对"一致意见"的签认和工程变更的收到。

22）D1 监理日记。

此表为建议格式，提倡不同的监理人员用不同的表式，本表适宜于专业监理工程师使用。

23）D2 旁站监理记录。

此表为项目监理机构实施旁站监理的通用表式。项目监理机构可根据需要增加附表。

表中"施工情况"应记录所旁站部位（工序）的施工作业内容、主要施工机械、材料、人员和完成的工程数量等。

表中"监理情况"应记录旁站人员对施工作业情况的监督检查，主要内容包括：①承包单位现场质检人员到岗情况、特殊工种人员持证上岗以及施工机械、建筑材料准备情况；②在现场跟班监督关键部位、关键工序的施工执行施工方案以及工程建设强制性标准情况；③核查进场建筑材料、建筑构配件、设备和商品混凝土的质量检验报告等。④其他需要说明的事项。

3.2 浙江省建设工程（施工阶段）监理工作基本表式实务模拟

A 类表——承包单位用表

A1-1 工程开工报审表

A1-2 复工报审表

A2 施工组织设计（方案）报审表

A3 分包单位资格报审表

A4 承包单位通知单

A5 承包单位报审表（通用）

A5-1 主要施工机械设备报审表

A5-2 施工测量放线报验申请表

A5-3 便民服务大楼基础工程报验申请表

A6 工程款支付申请表

A7 监理工程师通知回复单

A8 工程临时延期申请表

A9 费用索赔申请表

A10 工程材料/构配件/设备报审表

A11 工程竣工报验单

A12 第 01 周拟实施工程项目请示单

A13 第 01 周完成工程报告单

A14 工程质量/安全问题（事故）报告单

A15 工程质量/安全问题（事故）处理方案报审表

A16 价格调整确认报审表

A17 工程变更、洽商费用报审表

B 类表——监理单位用表

B1 监理工程师通知单

B2 工程暂停令

B3 工程款支付证书

B4 工程临时延期审批表

B5 工程最终延期审批表

B6 费用索赔审批表

B7 单位（子单位）工程质量评估报告

C 类表——各方通用表

C1 监理工作联系单

C2 工程变更单

D 类表——监理单位内部用表

D1 监理日记

D2 旁站监理记录表

D3 监理月报

浙建监 A1-1

工程开工报审表

工程名称：   编号：A1-1-001

致：杭州永诚建设监理有限公司（监理单位）

我方承担的便民服务大楼工程，已完成了以下各项工作，具备了开工条件，特此申请施工，请核查并签发开工指令。
1. 施工许可证已办理；   ☑
2. 现场管理人员已到位，专职管理人员和特种作业人员已取得资格证、上岗证；   ☑
3. 施工现场质量管理检查记录已经检查确认；   ☑
4. 进场道路及水、电、通讯等已满足开工要求；   ☑
5. 质量、安全、技术管理制度已建立，组织机构已落实。   ☑

附件：1. 开工报告；
      2. 相关证明材料。

承包单位（章）：杭州建达建设集团有限公司

项目经理：×××（手签）

日　　期：2002 年 8 月 25 日

审查意见：

经审查上述各项工作已完成且资料齐全，同意本工程于 2002 年 8 月 26 日开工。

项目监理机构（章）：杭州永诚建设监理有限公司

总监理工程师：×××（手签）

日　　期：2002 年 8 月 26 日

本表一式三份，经项目监理机构审核后，建设单位、监理单位、承包单位各存一份。

浙建监 A1-2

复工报审表

工程名称：便民服务大楼　　　　　　　　　　　　　　　　　　编号：A1-2-003

致：杭州永诚建设监理有限公司（监理单位）

　　鉴于　便民服务大楼工程，按第 003 号工程暂停令已进行整改，并经检查后已具备复工条件，请核查并签发复工指令。

　　附件：具备复工条件的情况说明。

承包单位（章）：杭州建达建设集团有限公司

项目经理：×××（手签）

日　　期：2003 年 6 月 9 日

审查意见：

☑具备复工条件，同意便民服务大楼工程于 2003 年 6 月 9 日 8：00 时复工。
□不具备复工条件，暂不同意复工。

项目监理机构（章）：杭州永诚建设监理有限公司

总监理工程师：×××（手签）

日　　期：2003 年 6 月 9 日

本表一式三份，经项目监理机构审核后，建设单位、监理单位、承包单位各存一份。

浙建监 A2

施工组织设计（方案）报审表

工程名称：便民服务大楼   编号：A2-001

致：杭州永诚建设监理有限公司（监理单位）

    我方已根据施工合同的有关规定完成了便民服务大楼工程施工组织设计（专项施工方案）的编制，并经我单位上级技术负责人审查批准，请予以审查。

    附件：施工组织设计（专项施工方案）。

承包单位（章）：杭州建达建设集团有限公司

项目经理：×××（手签）

日   期：2002 年 8 月 23 日

专业监理工程师审查意见：

    1. 施工进度计划中总工期经计算为 189 天，与合同要求的工期 180 天不符，请予调整；

    2. 设计要求的"膨胀加强后浇带"在施工方案及施工进度计划中未体现出来；

    3. 原投标书中采用塔吊及两台 750L 大型拌合机，而现场目前仅有一台 750L 大型拌合机，这对以后的施工进度有一定的影响。

专业监理工程师：×××（手签）

日   期：2002 年 8 月 24 日

总监理工程师审核意见：

    1. 同意专业监理师的审查意见；

    2. 尚应补充……；

    3. 在上述各项不足之处调整完成后同意本施工组织设计。

项目监理机构（章）：杭州永诚建设监理有限公司

总监理工程师：×××（手签）

日   期：2002 年 8 月 24 日

    本表一式三份，经项目监理机构审核后，建设单位、监理单位、承包单位各存一份。

浙建监 A3

分包单位资格报审表

工程名称：便民服务大楼 编号：A3-001

致：杭州永诚建设监理有限公司（监理单位）

　　经考察，我方认为拟选择的杭州天海幕墙工程公司（分包单位）具有承担下列工程的施工资质和施工能力，可以保证本工程项目按合同的规定进行施工。分包后，我方仍承担总包单位的全部责任。请予以审查和批准。
　　附：1. 分包单位资质材料；
　　　　2. 分包单位业绩材料；
　　　　3. 分包单位专职管理人员和特种作业人员的资格证、上岗证。

分包工程名称（部位）	工程数量	拟分包工程合同额	分包工程占全部工程
玻璃幕墙工程	2465m^2	220 万元	11.6％
合　计		220 万元	11.6％

承包单位（章）：杭州建达建设集团有限公司

项目经理：×××（手签）

日　　期：2003 年 4 月 16 日

专业监理工程师审查意见：

　　经审查该分包单位的资质能满足本幕墙工程所需的资质等级要求，该单位的业绩材料中具有类似工程的施工经验，其专职管理人员和特种作业人员的资格证、上岗证与原件相符且基本配套。所以其专业能力能够胜任本幕墙工程。

专业监理工程师：×××（手签）

日　　期：2003 年 4 月 17 日

总监理工程师审核意见：

　　根据施工条款第×条的规定，经复查该分包单位的资质材料齐全，同意本幕墙工程的分包。

项目监理机构（章）：杭州永诚建设监理有限公司

总监理工程师：×××（手签）

日　　期：2003 年 4 月 17 日

本表一式三份，经项目监理机构审核后，建设单位、监理单位、承包单位各存一份。

浙建监 A4

承包单位通知单

工程名称：便民服务大楼 编号：A4-001

致：杭州永诚建设监理有限公司（监理单位）

事由：基础工程验收。

内容：2002 年 11 月 8 日 9：00 时在本项目工地进行基础工程验收。

承包单位（章）：杭州建达建设集团有限公司

项目经理：×××（手签）

日　　期：2002 年 11 月 6 日

签收意见：

2002 年 11 月 6 日 8：00 时收到。

☑同意于 2002 年 11 月 8 日 9：00 时前进行便民服务大楼（工程或部位）基础工程验收监理工作。

□不同意进行（工程或部位）监理工作。

项目监理机构（章）：杭州永诚建设监理有限公司

总/专业监理工程师：×××（手签）

日　　期：2002 年 11 月 6 日

本表一式三份，经项目监理机构审核后，建设单位、监理单位、承包单位各存一份。

浙建监 A5

承包单位报审表（通用）

工程名称：便民服务大楼   编号：A5-001

致：杭州永诚建设监理有限公司（监理单位）

    事由：基础混凝土浇捣。

    内容：基础工程隐蔽工程验收已合格，并已完成混凝土浇捣前的有关施工准备工作（见附件），拟定于 2002 年 10 月 7 日 8：00 时开始浇捣基础混凝土，本次浇捣混凝土的数量约 400m³，浇捣持续时间约 10 小时，特此申请，请予以审批。

承包单位（章）：杭州建达建设集团有限公司

项目经理：×××（手签）

日   期：2002 年 10 月 6 日

审查意见：

    经审查同意于 2002 年 10 月 7 日 8：00 时开始浇捣基础混凝土。

项目监理机构（章）：杭州永诚建设监理有限公司

总/专业监理工程师：×××（手签）

日   期：2002 年 10 月 6 日

本表一式三份，经项目监理机构审核后，建设单位、监理单位、承包单位各存一份。

浙建监 A5-1

主要施工机械设备报审表

工程名称：便民服务大楼 编号：A5-1-001

致：杭州永诚建设监理有限公司（监理单位）

下列施工设备已按施工组织设计（专项施工方案）要求进场，请核查并准予使用。

设备名称	规格型号	数量	进场日期	技术状况	备 注
桩架	多功能桩架（600T）	2	2002 年 8 月 20 日	良好	/
经纬仪	J2	4	2002 年 8 月 20 日	良好	/
钢卷尺	5m	10	2002 年 8 月 20 日	良好	/

附件：1. 检查验收记录； ☑
   2. 检测报告。 ☑

承包单位（章）：杭州建达建设集团有限公司

项目经理：×××（手签）

日　　期：2002 年 8 月 22 日

审查意见：

经审查经纬仪、钢卷尺的检定证书齐全，并在检定有效期内，桩架的施工许可证有效，并已经承包单位质安部门验收合格，同意上述机械设备进场使用。

项目监理机构（章）：杭州永诚建设监理有限公司

专业监理工程师：×××（手签）

日　　期：2002 年 8 月 23 日

本表一式三份，经项目监理机构审核后，建设单位、监理单位、承包单位各存一份。

浙建监 **A5-2**

施工测量放线报验申请表

工程名称：便民服务大楼   编号：A5-2-001

致：杭州永诚建设监理有限公司（监理单位）

我单位已完成了便民服务大楼基础工程（工程或部位的名称）的放线工作，经自检合格，清单如下，请予查验。

附件：测量放线依据材料及放线成果

工程或部位名称	放线内容	备　　注
便民服务大楼基础工程	轴线位置	

承包单位（章）：杭州建达建设集团有限公司

项目经理：×××（手签）

日　　期：2002 年 9 月 27 日

审查意见：

☑查验合格
□纠正差错后再报

项目监理机构（章）：杭州永诚建设监理有限公司

专业监理工程师：×××（手签）

日　　期：2002 年 8 月 28 日

本表一式三份，经项目监理机构审核后，建设单位、监理单位、承包单位各存一份。

浙建监 A5-3

便民服务大楼基础工程报验申请表

工程名称：便民服务大楼 编号：A5-3-001

致：杭州永诚建设监理有限公司（监理单位）

我单位已完成了便民服务大楼基础工程，按设计文件及有关规范进行了自检，质量合格，请予以审查和验收。

附件：1. 工程质量控制资料； ☑
　　　2. 安全和功能检验（检测）报告； ☑
　　　3. 观感质量验收记录； ☑
　　　4. 隐蔽工程验收记录； ☐
　　　5. 分项工程质量验收记录。 ☑

承包单位（章）：杭州建达建设集团有限公司

项目经理：×××（手签）

日　　期：2002 年 11 月 6 日

审查意见：

　　☐所报隐蔽工程的技术资料☐齐全/☐不齐全，且☐符合/☐不符合要求，经现场检测、核查☐合格/☐不合格，☐同意/☐不同意隐蔽。

　　☐所报检验批的技术资料☐齐全/☐不齐全，且☐符合/☐不符合要求，经现场检测、核查☐合格/☐不合格，☐同意/☐不同意进行下道工序。

　　☐检验批的技术资料基本齐全，且基本符合要求，因☐砂浆/☐混凝土试块强度试验报告未出具，暂同意进行下道工序施工，待☐砂浆/☐混凝土试块试验报告补报后，予以质量认定。

　　☐所报分项工程的各检验批的验收资料☐完整/☐不完整，且☐全部/☐未全部达到合格要求，经现场检测、核查☐合格/☐不合格。

　　☑所报分部（子分部）工程的技术资料☑齐全/☐不齐全，且☑符合/☐不符合要求，经现场检测、核查☑合格/☐不合格。

　　☐纠正差错后再报。

项目监理机构（章）：杭州永诚建设监理有限公司

总监理工程师：×××（手签）

日　　期：2002 年 11 月 8 日

本表一式三份，经项目监理机构审核后，建设单位、监理单位、承包单位各存一份。

浙建监 A6

工程款支付申请表

工程名称：便民服务大楼 　　　　　　　　　　　　　　　　　　　　　编号：A6-001

致：杭州永诚建设监理有限公司（监理单位）

　　我方已完成了便民服务大楼基础工程的中间结构验收工作，按施工合同规定，建设单位应在 2002 年 11 月 15 日前支付该项工程款（大写）柒佰伍拾叁万伍仟陆佰贰拾肆圆整（小写：7535624.00 元），现报上。

　　便民服务大楼工程付款申请表，请予以审查并开具工程款支付证书。

　　　附件：1. 工程量、工作量清单；
　　　　　　2. 计算方法。

　　　　　　　　　　　　　　　　　　　　　　　　　　　承包单位（章）：杭州建达建设集团有限公司
　　　　　　　　　　　　　　　　　　　　　　　　　　　　　　项目经理：×××（手签）
　　　　　　　　　　　　　　　　　　　　　　　　　　　　　　日　　期：2002 年 11 月 9 日

　　本表一式三份，经项目监理机构审核后，建设单位、监理单位、承包单位各存一份。

浙建监 A7

监理工程师通知回复单

工程名称：便民服务大楼　　　　　　　　　　　　　　　　　　　编号：A7-001

致：杭州永诚建设监理有限公司（监理单位）

　我方接到编号为 B1-001 的监理工程师通知后，已按要求完成了基础隐蔽工程验收中发现的问题的整改工作，现报上，请予以复查。

　详细内容：

　1. 承台内的积水已抽干；
　2. 箍筋间距不对的已纠正；
　3. 梁主筋电弧焊长度不足的已补焊。

　　　　　　　　　　　　　　　　　　承包单位（章）：杭州建达建设集团有限公司

　　　　　　　　　　　　　　　　　　项目经理：×××（手签）

　　　　　　　　　　　　　　　　　　日　　期：2002 年 10 月 4 日

复查意见：

　经复查已按 B1-001 监理工程师通知单中的内容整改完毕。

　　　　　　　　　　　　　　　　　　项目监理机构（章）：杭州永诚建设监理有限公司

　　　　　　　　　　　　　　　　　　专业监理工程师：×××（手签）

　　　　　　　　　　　　　　　　　　日　　期：2002 年 10 月 5 日

本表一式三份，经项目监理机构审核后，建设单位、监理单位、承包单位各存一份。

浙建监 A8

工程临时延期申请表

工程名称：便民服务大楼 编号：A8-001

致：杭州永诚建设监理有限公司（监理单位）

根据施工合同条款第 13.1、13.2 条的规定，由于非承包方原因停水、停电，我方申请工程延期 2 日历天，请予以批准。

附件：

1. 工程延期的依据及工期计算：

16 小时÷8 小时＝2（天）

合同竣工日期：2003 年 10 月 31 日

申请延长竣工日期：2003 年 11 月 2 日

2. 证明材料：

（1）停电通知/公告；

（2）停电通知/公告。

承包单位（章）：杭州建达建设集团有限公司

项目经理：×××（手签）

日　　期：2002 年 11 月 30 日

本表一式三份，经项目监理机构审核后，建设单位、监理单位、承包单位各存一份。

浙建监 A9

费用索赔申请表

工程名称：便民服务大楼　　　　　　　　　　　　　　　　　　　　　　编号：A9-001

致：杭州永诚建设监理有限公司（监理单位）

　　根据施工合同条款第 36.1、36.2 条的规定，由于设计变更导致部分工程返工的原因，我方要求索赔金额（大写）叁万伍仟陆佰贰拾圆整，请予以批准。

　　索赔的详细理由及经过：

　　1.……；

　　2.……；

　　3.……。

　　索赔金额的计算：

　　……

　　附件：证明材料

　　　　　　　　　　　　　　　　　　　　　　　　承包单位（章）：杭州建达建设集团有限公司

　　　　　　　　　　　　　　　　　　　　　　　　项目经理：×××（手签）

　　　　　　　　　　　　　　　　　　　　　　　　日　　期：2002 年 12 月 31 日

本表一式三份，经项目监理机构审核后，建设单位、监理单位、承包单位各存一份。

浙建监 A10

工程材料/构配件/设备报审表

工程名称：便民服务大楼 　　　　　　　　　　　　　　　　　　　　　　编号：A10-001

致：杭州永诚建设监理有限公司（监理单位）

　　我方于 2002 年 9 月 25 日进场的工程☑材料/□构配件/□设备数量如下（见附件）。现将质量证明文件及自检结果报上，拟用于下述部位：便民服务大楼基础工程，请予以审核。

　　附件：1. 数量清单；
　　　　　2. 质量证明文件；
　　　　　3. 自检结果。

　　　　　　　　　　　　　　　　　　　　　　承包单位（章）：杭州建达建设集团有限公司

　　　　　　　　　　　　　　　　　　　　　　　　项目经理：×××（手签）

　　　　　　　　　　　　　　　　　　　　　　　　日　　期：2002 年 9 月 29 日

审查意见：

　　经检查上述工程☑材料/□构配件/□设备，☑符合/□不符合设计文件和规范的要求，☑准许/□不准许进场，☑同意/□不同意使用于拟定部位。

　　　　　　　　　　　　　　　　　　　　　　项目监理机构（章）：杭州永诚建设监理有限公司

　　　　　　　　　　　　　　　　　　　　　　　　专业监理工程师：×××（手签）

　　　　　　　　　　　　　　　　　　　　　　　　日　　期：2002 年 9 月 30 日

本表一式三份，经项目监理机构审核后，建设单位、监理单位、承包单位各存一份。

浙建监 A11

工程竣工报验单

工程名称：便民服务大楼   编号：A11-001

致：杭州永诚建设监理有限公司（监理单位） 　　我方已按合同要求完成了便民服务大楼工程，经自检合格，请予以检查和验收。 　　附件：   　　　　　　　　　　　　　　　　　　　　承包单位（章）：杭州建达建设集团有限公司 　　　　　　　　　　　　　　　　　　　　　　项目经理：×××（手签） 　　　　　　　　　　　　　　　　　　　　　　日　　期：2003 年 10 月 27 日
审查意见： 　　经初步验收，该工程 　　1.☑符合/□不符合我国现行法律、法规要求； 　　2.☑符合/□不符合我国现行工程建设标准； 　　3.☑符合/□不符合设计文件要求； 　　4.☑符合/□不符合施工合同要求。 　　综上所述，该工程初步验收☑合格/不合格，☑可以/□不可以组织正式验收。   　　　　　　　　　　　　　　　　　　　　项目监理机构（章）：杭州永诚建设监理有限公司 　　　　　　　　　　　　　　　　　　　　　总监理工程师：×××（手签） 　　　　　　　　　　　　　　　　　　　　　日　　期：2003 年 10 月 28 日

本表一式三份，建设单位、监理单位、承包单位各存一份。

浙建监 A12

第 01 周拟实施工程项目请示单

工程名称：便民服务大楼

致：杭州永诚建设监理有限公司（监理单位）

现呈报便民服务大楼工程第 01 周拟定实施的工程内容如下表所示，请予以审核。

承包单位（章）：杭州建达建设集团有限公司

项目经理：×××（手签）

日　　期：2002 年 8 月 26 日

项目序号	工作范围	图号	图中位置	估计工程量	估计工作量	工人数量	监理工程师答复
1	桩基	结施-01	①～⑨	2700m	90m	20	同意
2							
3							
4							
5							
6							
7							
8							
9							
10							

审核意见：

　　经审核本周工作与进度计划相吻合，同意按此实施。

项目监理机构（章）：杭州永诚建设监理有限公司

总/专业监理工程师：×××（手签）

日　　期：2002 年 8 月 27 日

本表一式三份，经项目监理机构审核后，建设单位、监理单位、承包单位各存一份。

浙建监 A13

第 01 周完成工程报告单

工程名称：便民服务大楼   编号：A13-001

致：杭州永诚建设监理有限公司（监理单位）

　　现呈报上周工程内容完成情况如下表所示，请予以审核。

承包单位（章）：杭州建达建设集团有限公司

项目经理：×××（手签）

日　　期：2002 年 9 月 2 日

项目序号	上周工作范围	图号	图中位置	工程量	实际完成量	未完成原因	监理工程师答复
1	桩基	结施-01	①～⑨	90m	87m	桩机故障	未完成
2							
3							
4							
5							
6							
7							
8							
9							
10							

审核意见：

　　经审核本周完成的工作与进度计划相比略有拖延，因为该工作处于关键线路上，不允许拖延，所以贵方应采取补救措施。

项目监理机构（章）：杭州永诚建设监理有限公司

总监理工程师：×××（手签）

日　　期：2002 年 9 月 3 日

本表一式三份，经项目监理机构审核后，建设单位、监理单位、承包单位各存一份。

浙建监 A14

工程质量/安全问题（事故）报告单

工程名称：便民服务大楼　　　　　　　　　　　　　　　　　　　　　编号：A14-001

致：杭州永诚建设监理有限公司（监理单位）

　　2002 年 11 月 19 日 22：30 时，在（3）～（4）/（B）～（C）二层梁板　　　（部位）发生因承重模板下沉而导致板底标高降低的工程☑质量/□安全问题（事故），现报告如下：

1. 原因：（初步调查结果及现场情况报告）
由于承重模板下沉。

2. 性质或类型：
一般。

3. 造成损失：
造成经济损失约 3000 元。

4. 应急措施：
立即加固，并对附近承重模板进行全面检查。

5. 初步处理意见：
对该区域的混凝土进行返工重做处理。

　　　　　　　　　　　　　　　　　　承包单位（章）：杭州建达建设集团有限公司

　　　　　　　　　　　　　　　　　　　　项目经理：×××（手签）

　　　　　　　　　　　　　　　　　　　　日　　期：2002 年 11 月 20 日

抄报：

1. 杭州市建筑安装工程质量监督站；
2. 杭州志达房地产开发实业总公司。

项目监理机构签收：

　　于 2002 年 11 月 20 日 8：00 时收到。

　　　　　　　　　　　　　　　　项目监理机构（章）：杭州永诚建设监理有限公司

　　　　　　　　　　　　　　　　　总监理工程师：×××（手签）

　　　　　　　　　　　　　　　　　日　　期：2002 年 11 月 20 日

本表一式三份，建设单位、监理单位、承包单位各存一份。

浙建监 A15

工程质量/安全问题（事故）处理方案报审表

工程名称：便民服务大楼　　　　　　　　　　　　　　　　　　　编号：A15-001

致：杭州永诚建设监理有限公司（监理单位）

我方于 2002 年 11 月 19 日提出的发生因承重模板下沉而导致板底标高降低
的工程☑质量/□安全问题（事故）的报告，经认真研究后，现提出处理方案，请予以审批。

附件：1. 工程☑质量/□安全问题（事故）详细报告；
　　　2. 工程☑质量/□安全问题（事故）技术处理方案。

　　　　　　　　　　　　　　　　　　　承包单位（章）：杭州建达建设集团有限公司

　　　　　　　　　　　　　　　　　　　项目经理：×××（手签）

　　　　　　　　　　　　　　　　　　　日　　期：2002 年 11 月 21 日

设计单位审查意见：	项目监理机构审查意见：	有关部门意见：
同意。	同意。	同意。
项目设计单位（章）： 杭州市城市建设设计研究院 结构工程师/建筑师：×××（手签） 日　　期：2002 年 11 月 22 日	项目监理机构（章）： 杭州永诚建设监理有限公司 总/专业监理工程师：×××（手签） 日　　期：2002 年 11 月 22 日	有关部门（章）： 杭州志达房地产开发实业总公司 代　　表：×××（手签） 日　　期：2002 年 11 月 22 日

本表相关单位各存一份。

浙建监 A16

价格调整确认报审表

工程名称：便民服务大楼　　　　　　　　　　　　　　　　　　编号：A16-001

致：杭州永诚建设监理有限公司（监理单位）

　　根据合同条款第 31.1 条规定，依据《杭州市 2002 年 8 月份造价信息》，现报上 2002 年 8 月部分项目价格调整表，请予以审核批准。

　　附件：1. 价格调整计算表；
　　　　　2. 有关证明文件（复印件）。

承包单位（章）：杭州建达建设集团有限公司

项目经理：×××（手签）

日　　期：2002 年 9 月 3 日

项目名称	单位	原单价（元）	调整后单价（元）	单价差（元）	本期数量	本期调价总额（元）	进货凭证号
预应力混凝土管桩	m	120	126	6	2550	15300	12546#、12547#
合　　　计							

经审核：☑同意价格调整总计 15300 元。
　　　　□重新计算后再报。
　　　　□不符合合同规定，调整依据不充分，不同意调价。
注：本批准的调价总额为承包商申请付款的依据。

项目监理机构（章）：杭州永诚建设监理有限公司

总监理工程师：×××（手签）

日　　期：2002 年 9 月 4 日

本表一式三份，经项目监理机构审核后，建设单位、监理单位、承包单位各存一份。

浙建监 A17

工程变更、洽商费用报审表

工程名称：便民服务大楼　　　　　　　　　　　　　　　　　　　编号：A17-015

致：杭州永诚建设监理有限公司（监理单位）

　　依据工程变更、洽商记录，2002 年 9 月 10 日第 C2-001 号的变更，申请费用如下表，请予以审核批准。

承包单位（章）：杭州建达建设集团有限公司

项目经理：×××（手签）

日　　期：2002 年 9 月 11 日

项目名称	变更前			变更后			工程款增（＋）减（－）
	工程量	单价（元）	合价（元）	工程量	单价（元）	合价（元）	
铝塑板	100m²	98	9800	100m²	128	12800	＋3000 元

审核意见：

　　同意。

审定意见：

　　同意。

项目监理机构（章）：杭州永诚建设监理有限公司

总监理工程师：×××（手签）

日　　期：2002 年 9 月 12 日

建设单位（章）：杭州志达房地产开发实业总公司

建设单位代表：×××（手签）

日　　期：2002 年 9 月 12 日

本表一式三份，经项目监理机构审核后，建设单位、监理单位、承包单位各存一份。

浙建监 B1

监理工程师通知单

工程名称：便民服务大楼   编号：B1-001

致：杭州建达建设集团有限公司（承包单位）
事由：基础隐蔽工程验收中发现的问题整改。

内容：
 	
  1. 承台内的积水应抽干；
  2. 箍筋间距不对的应纠正；
  3. 梁主筋电弧焊长度不足的应补焊足。
 	
                                         监理机构（章）：杭州永诚建设监有限公司
 	
                                         专业监理工程师：×××（手签）
 	
                                         日   期：2002 年 10 月 2 日

本表一式三份，经项目监理机构审核后，建设单位、监理单位、承包单位各存一份。

浙建监 B2

工程暂停令

工程名称：便民服务大楼   编号：B2-003

致：杭州建达建设集团有限公司（承包单位）

    由于在本工程外架拆除过程中贵方管理人员不到位，存在严重安全隐患原因，现通知你方必须于 2003 年 6 月 8 日 8：00时起，对本工程的外架拆除部位（工序）实施暂停施工，并按下述要求做好各项工作：

    1. 落实做好管理人员的到位工作；

    2. 再次认真落实外架拆除的安全技术交底工作。

                         项目监理机构（章）：杭州永诚建设监理有限公司

                         总监理工程师：×××（手签）

                         日　　期：2003 年 6 月 8 日

    本表一式三份，经项目监理机构审核后，建设单位、监理单位、承包单位各存一份。

浙建监 B3

工程款支付证书

工程名称：便民服务大楼   编号：B3-001

致：杭州志达房地产开发实业总公司（建设单位）

    根据施工合同的规定，经审核承包单位的付款申请和报表，并扣除有关款项，同意本期支付工程款共（大写）   柒佰贰拾伍万捌仟零贰拾肆圆整   （小写：7258024.00 元）。请按合同规定及时付款。

    其中：

    1. 承包单位申报款为：7535624.00 元

    2. 经审核承包单位应得款：7412324.00 元

    3. 本期应扣款为：154300.00 元

    4. 本期应付款为：7258024.00 元

    附件：

    1. 承包单位的工程付款申请表及附件；

    2. 项目监理机构审查记录。

                             项目监理机构（章）：杭州永诚建设监理有限公司

                             总监理工程师：×××（手签）

                             日   期：2002 年 11 月 12 日

本表一式三份，经项目监理机构审核后，建设单位、监理单位、承包单位各存一份。

浙建监 B4

工程临时延期审批表

工程名称：便民服务大楼　　　　　　　　　　　　　　　　　　　　　　编号：B4-001

致：杭州建达建设集团有限公司（承包单位）

　　根据施工合同条款第 13.1、13.2 条的规定，我方对你方提出的便民服务大楼工程延期申请（第 A8-001 号）要求延长工期 2 日历天的要求，经过审核评估：

　　☑暂时同意工期延长 2 日历天。使竣工日期（包括已指令延长的工期）从原来的 2003 年 10 月 31 日延迟到 2003 年 11 月 2 日。请你方执行。

　　□不同意工期延长工期，请按约定的竣工日期组织施工。

说明：

施工方提供的证明材料情况属实，依据充分，工期计算合理，同意工程延期 2 天。

项目监理机构（章）：杭州永诚建设监理有限公司

总监理工程师：×××（手签）

日　　期：2002 年 12 月 8 日

本表一式三份，经项目监理机构审核后，建设单位、监理单位、承包单位各存一份。

浙建监 B5

工程最终延期审批表

工程名称：便民服务大楼 编号：B5-001

致：杭州建达建设集团有限公司（承包单位）

　　根据施工合同条款第 13.1、13.2 条的规定，我方对你方提出的便民服务大楼工程延期申请（第 A8-004 号）要求延长工期日历天的要求，经过审核评估：

　　☑最终同意工期延长 25 日历天。使竣工日期（包括已指令延长的工期）从原来的 2003 年 10 月 31 日延迟到 2003 年 11 月 25 日。请你方执行。

　　□不同意工期延长工期，请按约定的竣工日期组织施工。

　　说明：

　　施工方提供的证明材料情况属实，依据充分，工期计算基本合理，所以同意工期延期 25 天。

　　　　　　　　　　　　　　　　　　　　项目监理机构（章）：杭州永诚建设监理有限公司

　　　　　　　　　　　　　　　　　　　　总监理工程师：×××（手签）

　　　　　　　　　　　　　　　　　　　　日　　期：2003 年 11 月 28 日

本表一式三份，经项目监理机构审核后，建设单位、监理单位、承包单位各存一份。

浙建监 B6

费用索赔审批表

工程名称：便民服务大楼   编号：B6-001

致：杭州建达建设集团有限公司（承包单位）

根据施工合同条款第 36.1、36.2 条的规定，你方提出的因设计变更导致部分工程返工而造成的费用索赔申请（第 A9-001 号），索赔（大写）叁万伍仟陆佰贰拾圆整，经我方审核评估：

□不同意此项索赔。

☑同意此项索赔，金额为（大写）　叁万叁仟陆佰伍拾圆整。

☑同意/□不同意索赔的理由：
......

索赔金额的计算：
......

项目监理机构（章）：杭州永诚建设监理有限公司

总监理工程师：×××（手签）

日　　期：2003 年 1 月 18 日

本表一式三份，经项目监理机构审核后，建设单位、监理单位、承包单位各存一份。

浙建监 B7　　　　　　　　单位（子单位）工程质量评估报告

编号：B7-001

内 容 提 要

一、工程概况

二、对施工现场质量管理体系、质量管理行为检查情况评述

三、质量控制资料验收情况

四、单位（子单位）工程所包含的检验批、分项、分部（子分部）工程施工质量验收情况

五、工程所含分部（子分部）工程有关安全和功能检验验收情况及检测资料的完整性核查情况

六、观感质量验收情况

七、施工过程中质量问题（事故）及处理结果

八、工程施工质量验收意见

总监理工程师：×××（手签）

监理单位技术负责人：×××（手签）

监理单位（盖章）：杭州永诚建设监理有限公司

浙建监 C1

监理工作联系单

工程名称：便民服务大楼   编号：C1-001

致：杭州永诚建设监理有限公司

  事由：设计交底和图纸会审。

  内容：我方已与设计单位商定于 2002 年 8 月 20 日进行本工程设计交底和图纸会审工作，请贵方做好有关准备工作。

单位（章）：杭州志达房地产开发实业总公司

负责人：×××（手签）

日　期：2002 年 8 月 12 日

有关单位各存一份。

浙建监 C2

工程变更单

工程名称：便民服务大楼　　　　　　　　　　　　　　　　　　　　　编号：C2-001

致：杭州永诚建设监理有限公司（监理单位） 　　由于建设单位使用需要原因，兹提出铝塑板品种改变工程变更（内容见附件），请予以审批。 　　附件：   　　　　　　　　　　　　　　　　　　　提出单位（章）：杭州志达房地产开发实业总公司 　　　　　　　　　　　　　　　　　　　　　　代表人：×××（手签） 　　　　　　　　　　　　　　　　　　　　　　日　　期：2002 年 9 月 10 日

一致意见： 　　同意按此实施。			承包单位签字： 　　　　×××（手签）
建设单位代表 　签字：×××（手签）	设计单位代表 　签字：×××（手签）	项目监理机构 　签字：×××（手签）	
日期：2002 年 9 月 10 日	日期：2002 年 9 月 10 日	日期：2002 年 9 月 10 日	日期：2002 年 9 月 10 日

本表一式四份，建设单位、监理单位、设计单位、承包单位各存一份。

浙建监 D1

监理日记

编号：D1-001

2002 年 10 月 7 日，星期一，气温最	高 25℃	上午（晴、阴、雨、雪）
	气候	
	低 15℃	下午（晴、阴、雨、雪）

工程名称	便民服务大楼

监理人员动态：

1. 上午总监理工程师×××来工地巡视检查；
2. 8：00 至 11：30 由×××进行旁站监理；
3. 11：30 至 18：30 由×××进行旁站监理。

施工情况及存在问题：

1. 基础混凝土进行浇捣（上午 6：00～晚上 18：30），采用商品 $C_{40}S_8$ 混凝土，4 根振动棒振捣，现场有施工员 1 名，质检员 1 名，班长 1 名，施工作业人员 15 名，完成的混凝土数量共有 395m³，施工情况正常，留置试块四组，抗渗试块两组，同条件养护试块一组；
2. 因晚上下雨，混凝土表面的外观质量受影响。

监理工作内容及问题处理情况：

1. 在基础混凝土浇捣过程中实行旁站监理，具体详见旁站监理记录；
2. 因晚上下雨，督促施工单位做好防雨措施。

其他：

对施工现场进行了巡视检查，一机一闸一保到位，施工作业人员安全帽配戴齐全。

监理人员	×××、×××、×××（手签）

浙建监 D2

旁站监理记录表

工程名称：便民服务大楼　　　　　　　　　　　　　　　　　　　编号：D2-001

气候：上午晴，下午阴，晚上雨	
旁站监理的部位或工序：基础混凝土浇捣	
旁站监理开始时间：2002 年 10 月 7 日 6：00	旁站监理结束时间：2002 年 10 月 7 日 18：30

施工情况：

　　采用商品混凝土，4 根振动棒振捣，现场有施工员 1 名，质检员一名，班长 1 名，施工作业人员 15 名，完成的混凝土数量共有 395m³，施工情况正常。留置试块四组，抗渗试块两组，同条件养护试块一组。

监理情况：

　　检查了承包单位现场质检人员到岗情况，承包单位能执行施工方案，核查了商品混凝土的标号和出厂合格证，结果情况正常。

发现问题：

　　因晚上下雨，混凝土表面的外观质量受影响。

处理意见：

　　督促施工单位做好防雨措施。

备注：

　　现场见证取样共做混凝土试块四组，抗渗试块两组。　　　　　　　　　　　　见证员：×××

项目经理部（章）：杭州建达建设集团有限公司 　　　　　　　　创业大厦项目部 质检员（签字）：×××（手签） 　日　　期：2002 年 10 月 7 日	项目监理机构（章）：杭州永诚建设监理有限公司 旁站监理人员（签字）：×××、×××（手签） 　日　　期：2002 年 10 月 7 日

本表一式一份，双方签字后项目监理机构保存。

浙建监 D3

便民服务大楼　监理月报	编号：D3-001
01 期	
2002 年 8 月 26 日——2002 年 9 月 25 日	
内容提要：	
一、工程形象进度完成情况	
二、工程签证情况	
三、本月工程情况评述	
四、本月监理工作小结	
五、下月监理工作打算	
项目监理机构（章）：杭州永诚建设监理有限公司	
总监理工程师：×××（手签）	

实 训 课 题

实训 1. 模拟编写监理用表 A 类三份。

实训 2. 模拟编写监理用表 B 类各三份。

实训 3. 旁站监理记录用表各三份。

复习思考题

1. 监理资料的概念及其基本内容分别是什么？

2. 比较浙江省监理用表与监理规范的区别？

3. 举例说明监理资料管理的要点？

项目 7

现场监理工作通用业务作业方法

能力要求： 通过学习，更加增强顶岗工作的岗位职责意识和协同工作理念，能在专业监理工程师的指导下基本通晓监理企业的基本管理制度和项目监理机构的详细业务及其作业方法。

本部分是现场监理工作业务通用指导书，对开展监理工作有指导作用，主要包括以下内容：

总则

1. 项目监理机构及监理人员职责

（1）监理机构

（2）监理人员的职责

2. 监理规划及实施细则

3. 施工准备阶段监理工作指导书

（1）第一次工地会议

（2）施工图纸交底与会审

（3）施工组织设计审查

（4）工程分包及分包单位资格审查

（5）测量放线、定位成果复核

（6）工程开工/复工审查

4. 质量控制

（1）材料、设备、构配件质量检验监理

（2）隐蔽工程、分部（子分部）、分项、检验批工程质量验收

（3）监理工程师备忘录签发

（4）质量缺陷/事故处理

5. 进度控制

6. 工程造价控制

7. 竣工验收及保修阶段控制

（1）工程竣工验收

（2）监理工作总结

（3）监理工程回访保修

8. 合同管理控制

（1）工程暂停及复工

（2）工程变更

（3）工程索赔处理

（4）工程延期及延误处理

（5）合同争议的调解

（6）合同的解除

9. 监理资料及信息管理

（1）信息及监理资料管理

（2）监理月报

（3）监理人员调动的资料交接管理

（4）监理日志

10. 组织协调及安全文明施工的监理

（1）工地例会及专题会议

（2）安全、文明施工的监理

11. 监理设施及内部管理

（1）监理标化管理

（2）监理设施管理

总　　则

（1）为了提高监理整体工程监理水平，规范监理行为，贯彻 GB/T 19001—2000 版的质量管理体系，特制定本作业指导书。

（2）实施建设工程监理前，监理单位必须与建设单位签订书面建设工程委托监理合同，合同中可包括监理单位对建设工程质量、造价、进度进行全面控制和管理的条款，也可经协商后予以增减。

（3）建设单位与承包单位之间与建设工程合同有关的联系活动应通过监理单位进行。

（4）建设工程监理实行总监理工程师负责制，经总监理工程师授权，总监理工程师代表可行使部分总监职责和权力。

（5）监理单位应公正、独立、自主地开展监理工作，维护建设单位和承包单位的合法权益。

（6）根据工程大小、复杂程度，项目总监理工程师可对指导书中的职责分工调整，但应得到总经理的审查批准。

（7）监理人员应遵守职业道德，用优质的服务公正科学的监理，树立威信并为公司赢得信誉。

（8）应以合同（施工承包合同、监理委托合同）为依据，法律、法规、规范为准绳在委托监理合同委托的范围内开展工作。

（9）监理工作除应符合建设工程 GB 50319—2000《建设工程监理规范》外，还应符合国家现行的有关强制性标准、法规、规范的以及当地的有关规定。

监理机构和人员的职责

2.1　监理机构

1. 目的

为了履行监理委托合同，更好的开展监理工作，必须在施工现场建立项目监理机构。

2. 职责

由公司法定代表人任命总监理工程师，总监理工程师拟定监理机构的组织形式、规模和人员，报总经理批准后，由公司书面通知建设单位。

3. 工作要点

（1）通过直接委托取得的监理业务，项目总监理工程师由公司与建设单位充分协商一致后由公司法定代表人任命，通过投标取得的监理业务，按投标书的承诺任命。

（2）项目监理机构的组织形式和规模，应根据委托监理合同规定的服务内容、服务期限、工程类别、规模、技术复杂程度、工程环境等因素确定。

（3）监理人员应包括总监理工程师、专业监理工程师和监理员，必要时可配备总监理工程师代表。

（4）总监理工程师应由具有三年以上同类工程监理工作经验的人员担任；总监理工程师代表应由具有二年以上同类工程监理工作经验的人员担任；专业监理工程师应具有一年以上同类工程监理工作经验的人员担任。

（5）项目监理机构的监理人员应专业配套，数量满足工程项目监理工作的需要。

（6）公司应于委托监理合同签订后十天内，将项目监理机构的组织形式、人员构成及对总监理工程师的任命，书面通知建设单位。当总监理工程师需要调整时，监理单位应征得建设单位同意后，书面通知建设单位；当专业监理工程师调整时，总监理工程师应书面通知建设单位和承包单位。

（7）监理机构是公司为履行委托监理合同在施工现场的机构，实行总监理工程师负责制。项目监理机构在工程竣工或完成合同约定的现场监理工作后应及时撤离施工现场。

（8）公司依据委托监理合同约定的工程质量保修期监理工作的时间、范围和内容委派相应监理人员，完成工程保修阶段的监理工作。

2.2　监理人员的职责

（1）一名总监理工程师只宜担任一项委托监理合同的项目总监理工程师工作。当需要同时担任多项委托监理合同的项目总监理工程师工作时，须经建设单位同意，且最多不得超过三项。

（2）总监理工程师应履行以下职责：

1）确定项目监理机构人员的分工和岗位职责；

2）主持编写项目的监理规划、审批项目监理实施细则，并负责管理项目监理机构的日常工作；

3）审查分包单位的资质，并提出审查意见；

4）检查和监督监理人员的工作，根据工程项目的进展情况可进行人员调配，对不称职的人员应调换其工作；

5）主持监理工作会议，签发项目监理机构的文件和指令；

6）审定承包单位提交的开工报告、施工组织设计、技术方案、进度计划；

7）审核签署承包单位的申请、支付证书和竣工结算；

8）审查和处理工程变更；

9）主持或参与工程质量事故的调查；

10）调解建设单位与承包单位的合同争议、处理索赔、审批工程延期；

11）组织编写并签发监理月报、监理工作阶段报告、专题报告和项目监理工作总结；

12）审核签认分部工程和单位工程的质量检验评定资料，审查承包单位的竣工申请，组织监理人员对待验收的工程项目进行质量检查，参与工程项目的竣工验收；

13）主持整理工程项目的监理资料。

（3）总监理工程师代表应履行以下职责：

1）负责总监理工程师指定或交办的监理工作；

2）按总监理工程师的授权，行使总监理工程师的部分职责和权力。

（4）总监理工程师不得将下列工作委托总监理工程师代表：

1）主持编写项目监理规划、审批项目监理实施细则；

2）签发工程开工/复工报审表、工程暂停令、工程款支付证书、工程竣工报验单；

3）审核签认竣工结算；

4）调解建设单位与承包单位的合同争议、处理索赔，审批工程延期；

5）根据工程项目的进展情况进行监理人员的调配，调换不称职的监理人员。

（5）专业监理工程师应履行以下职责：

1）负责编制本专业的监理实施细则；

2）负责本专业监理工作的具体实施；

3）组织、指导、检查和监督本专业监理员的工作，当人员需要调整时，向总监理工程师提出建议；

4）审查承包单位提交的涉及本专业的计划、方案、申请、变更，并向总监理工程师提出报告；

5）负责本专业分项工程验收及隐蔽工程验收；

6）定期向总监理工程师提交本专业监理工作实施情况报告，对重大问题及时向总监理工程师汇报和请示；

7）根据本专业监理工作实施情况做好监理日记；

8）负责本专业监理资料的收集、汇总及整理，参与编写监理月报；

9）核查进场材料、设备、构配件的原始凭证、检测报告等质量证明文件及其质量情况，根据实际情况认为有必要时对进场材料、设备、构配件进行平行检验，合格时予以签认；

10）负责本专业的工程计量工作，审核工程计量的数据和原始凭证。

（6）监理员应履行以下职责：

1）在专业监理工程师的指导下开展现场监理工作；

2）检查承包单位投入工程项目的人力、材料、主要设备及其使用、运行状况，并做好检查记录；

3）复核或从施工现场直接获取工程计量的有关数据并签署原始凭证；

4）按设计图及有关标准，对承包单位的工艺过程或施工工序进行检查和记录，对加工制作及工序施工质量检查结果进行记录；

5）担任旁站工作，发现问题及时指出并向专业监理工程师报告；

6）做好监理日记和有关的监理记录。

施工准备阶段的业务

3.1 单元监理规划

1. 目的

监理规划的编制应针对项目的实际情况，明确项目监理机构的工作目标，确定具体的监理工作制度、程序、方法和措施，并应具有可操作性，是指导整个监理工作的指导性文件。

2. 职责

由总监理工程师组织专业监理工程师编写，公司总工程师审查批准后报建设单位备案。

3. 编写要点

(1) 监理规划应在签订委托监理合同及收到设计文件后编制，完成后须经公司总工程师审核批准，并应在召开第一次工地会议前报送建设单位；

(2) 监理规划由总监理工程师主持、专业监理工程师参加编制；

(3) 编制监理规划应依据：

1) 建设工程的相关法律、法规及项目审批文件；

2) 与建设工程项目有关的标准、设计文件、技术资料；

3) 监理大纲、委托监理合同文件以及与建设工程项目相关的合同文件。

4. 监理规划应包括以下主要内容：

(1) 工程项目概况：

工程项目概况一般要写明项目建设单位，项目所建的地址及周边环境，建筑规模、结构形式、结构与建筑物主要使用功能、工程造价及其项目工程建设目标等要求。

(2) 监理工作范围：

监理服务范围是根据建设单位的招标文件要求，在整个项目建设监理过程中应具体明确委托监理任务性质、阶段、时限、专业项目内容等。

(3) 监理工作内容：

监理服务内容则是在上述监理服务范围内由项目监理机构提供的具体监理工作内容。

(4) 监理工作目标：

监理目标应结合建设单位对项目工程建设目标要求写明在项目监理机构有效工作期内，各项控制目标及希望达到的要求。

(5) 监理工作依据：

1) 建设工程的相关法律、法规及项目审批文件；

2) 与建设工程项目有关的标准、设计文件、技术资料；

3) 监理大纲、委托监理合同文件以及与建设工程项目相关的合同文件。

(6) 项目监理机构的组织形式及人员配备：

即写明派往项目监理机构组织结构图,包括配备的主要监理人员名单、职称、专业分工等。

3.2 监理实施细则

1.目的

对中小型以上或专业性较强的工程项目,项目监理机构应编制监理实施细则。监理实施细则应符合监理规划的要求,并应结合工程项目的专业特点,做到详细具体、具有可操作性。

2.职责

实施细则由专业监理工程师编写,总监理工程师审查批准,并报总工程师备案。

3.工作要点

监理实施细则的编制程序与依据应符合下列规定:

(1)监理实施细则应在相应工程施工开始前编制完成,并必须经总监理工程师批准;

(2)监理实施细则应由专业监理工程师编制;

(3)编制监理实施细则的依据:

1)已批准的监理规划;

2)与专业工程相关的标准、设计文件和技术资料;

3)施工组织设计。

4.监理实施细则应包括下列主要内容:

(1)专业工程的特点;

(2)监理工作的流程;

(3)监理工作的控制要点及目标值;

(4)监理工作的方法及措施。

5.在监理工作实施过程中,监理实施细则应根据实际情况进行补充、修改和完善。

3.3 第一次工地会议

1.目的

第一次工地会议是监理机构进驻现场后,建设单位主持召开的明确监理机构的职责、权力,以及监理机构向受监单位明确监理工作程序及要点的一次重要会议。

2.职责

第一次工地会议由建设单位主持召开,项目监理机构全体人员、承包单位现场全体管理人员参加。

3.内容

(1)会议主要内容:

1)建设单位、承包单位和监理单位分别介绍各自驻现场的组织机构、人员及其分工;

2)建设单位根据委托监理合同宣布对总监理工程师的授权;

3)建设单位介绍工程开工准备情况;

4)承包单位介绍施工准备情况;

5)建设单位和总监理工程师对施工准备情况提出意见和要求;

6）总监理工程师介绍监理规划的主要内容；

7）研究确定各方在施工过程中参加工地例会的主要人员，召开工地例会周期、地点及主要议题。

（2）第一次工地会议纪要由项目监理机构负责起草，并经与会各方代表会签。

3.4　施工图纸交底与会审

1. 目的

施工图纸是工程实施的依据，施工图纸交底与会审是质量事前控制的一个重要环节，是澄清图纸疑点，消除设计缺陷及领会设计意图的很重要手段。

2. 职责

（1）所有施工图纸在施工前必须进行图纸交底与会审，交底与会审可同时进行，由建设单位负责组织。

（2）图纸交底与会审会议由建设单位代表主持，建设单位、设计单位、监理单位、承包单位等单位项目负责人及各专业技术人员参加。必要时总监理工程师应提请建设单位邀请消防、供电、供水、通信、质监等单位派员参加。

3. 内容

（1）工作依据：国家相关法律、法规、规范、强制性条文，项目立项、批准文件，设计委托合同等。

（2）监理应首先对图纸的合法性进行检查，如设计单位设计资格、抗震、供水、供电、通信是否已通过法定部门的审查，是否使用国家明令禁止的材料等。

（3）会审前监理机构应熟悉建设单位的设计要求、使用功能、地质资料及施工图纸，并对图纸中存在的按图施工困难、影响工程质量以及图纸错误等疑问和合理化建议用书面方式通过建设单位向设计单位提出。

（4）会审中由设计单位对设计意图进行交底，并对建设单位、承包单位、监理提出的问题进行解答。

（5）由监理及承包单位共同负责整理图纸交底或会审纪要。

（6）为确保工程质量，根据施工需要，监理机构可提请建设单位要求设计单位跟踪服务。

（7）建设单位、监理、设计单位、承包单位等参会代表在会审记录上签字后，该会审纪要即为与施工图纸同等有效的设计文件。

（8）交底或会审纪要交建设单位、监理单位、设计单位、承包单位各一份作为施工、支付与结算依据并存档。

（9）专业监理工程师应及时将会审纪要中的相关内容标注在图纸上。

3.5　施工组织设计审查

1. 目的

施工组织设计审查是工程开工前准备阶段的一项重要工作内容，监理机构通过对施工质保体系、技术方案、施工进度计划、施工平面布置图、施工机械、劳动力组织进行审查，经济技术方案进行分析评估，最终达到质量、投资、工期三者兼顾的满意方案。

2. 职责

（1）施工组织设计由承包单位技术负责人审核签章后，报送总监理工程师。

（2）单位工程施工组织设计由项目总监理工程师审核，各专业监理工程师进行审查，一些结构特别复杂及使用新材料、新工艺、新技术的工程，由公司总经理或总工程师召集本企业有关技术人员会审，必要时提请建设单位邀请设计、勘察单位、承包单位及有关专家进行会审。

（3）分部分项工程施工方案可由负责该专业的监理工程师负责，召集承包单位项目技术负责人及相应监理人员参加进行会审，会审纪要报总监理工程师批准。

3. 内容

（1）施工组织设计的审查原则是：符合工程实际，技术可行、经济合理、符合合同要求，质量有确切可靠的保证。

（2）审查依据：规范、标准、施工合同、设计文件等。

（3）技术审查的重点内容为：

1）施工方案是否满足设计、规范和使用功能的要求，工艺技术是否符合安全、经济合理的原则，是否切实可行。

2）施工进度计划是否满足合同工期要求，资源投入是否满足进度计划实施的要求，工序衔接是否满足工艺流程的要求，进度网络是否关键线路优化，是否符合自然客观规律。

3）平面立体布置是否合理。

4）主要施工技术及组织措施是否完善。

5）操作工艺设计是否符合相关标准。

6）特殊工艺施工方案是否完善可靠。

7）特种材料、新型材料是否具有省级以上产品质量鉴定报告、生产许可证检测标准。

8）主要设备是否满足施工技术及安全运行的要求。

（4）管理体系审查内容：工程项目开工前，总监理工程师应审查承包单位现场项目管理机构是否配备齐全的施工技术标准、是否建立健全的质量管理体系、是否建立施工质量检验制度和综合施工质量水平评定考核制度，在确保能保证工程项目施工质量时予以确认。

（5）对工程中的深基坑开挖、支撑系统、脚手架系统、临时施工用电、大型设备等应重点审查，以确保安全。

（6）审查结果应书面通知承包单位，对不符合要求部分应建议承包单位及时调整后重新审查。

（7）对审查通过的施工组织设计由总监理工程师签署审核意见报建设单位并作为工程实施依据。

（8）在施工过程中，当承包单位对已批准的施工组织设计进行调整、补充或变动时，应经专业监理工程师审查，并应由总监理工程师签认。

3.6　工程分包及分包单位资格审查

1. 目的

对工程分包控制及分包单位资格的审查是督促承包方规范建设行为，履行承包合同的重要工作之一，应严格按《建筑法》、《建筑工程质量管理条例》等法律、法规执行。

2. 职责

专业监理工程师应对分包工程及分包单位资格进行审查，总监理工程师应对分包工程及分包单位资格给予签认。

3. 工作要点

（1）工程分包一般分为建设单位指定分包和承包方分包二种，指定分包是指：在承包合同文件中注明的分包。但无论何种分包均应符合国家法律、法规的规定，不得以分包之名行转包、肢解分包之实，如有转包、肢解分包及违法分包的现象，应报告建设单位，并可由总监理工程师签发工程暂停令，如转包、肢解分包及违法分包现象不能得到有效制止应及时报告当地政府主管部门。

（2）肢解分包是指：建设单位将应当由一个承包单位完成的建设工程分解成若干部分发包给不同的承包单位。

（3）违法分包是指下列行为：

总承包单位将建设工程分包给不具备相应资格条件的单位：

1）建设工程总承包合同中未有约定，又未经建设单位认可，承包单位将其承包的部分建设工程交由其他单位完成；

2）施工总承包单位将建设工程主体结构的施工分包给其他单位的；

3）分包单位将其承包的建设工程再分包的。

（4）转包是指：承包单位承包建设工程后，不履行合同约定的责任和义务，将其承办的全部建设工程转给他人或者将其承包的全部建设工程肢解以后以分包的名义分别转给其他单位承包的行为。

（5）监理机构应对施工合同中未指明的分包单位进行重点审查。

（6）对分包单位资格应审核以下内容：

1）分包单位的营业执照、企业资质等级证书、特殊行业施工许可证、国外（境外）企业在国内承包工程许可证；

2）分包单位的业绩；

3）拟分包工程的内容和范围；

4）专职管理人员和特种作业人员的资格证、上岗证。

（7）分包工程开工前，专业监理工程师应审查承包单位报送的分包单位资格报审表和分包单位有关资质资料，符合有关规定后，由总监理工程师予以签认。

（8）审核结果应及时报告建设单位，所有分包必须经建设单位认可。

3.7 测量放线、定位成果复核

1. 目的

工程控制桩位定位放线是关系建筑总体位置及建筑相对高度的重要工作，必须杜绝差错。

2. 职责

监理员应对施工测量放线进行跟踪旁站，专业监理工程师或总监理工程师审核测量方案及测量成果。

3. 工作要点

（1）开工前现场监理应与建设单位、设计单位、承包单位的相关人员共同到现场，对作为定位依据的原始桩位进行明确的指定和确认，办理移交手续并提交相应书面资料。

（2）专业监理工程师应要求承包单位对原始桩位、水准点进行校测，当确认有差错时，应和建设单位、设计单位联系，妥善处理，办好手续后方可使用，对沿规划红线兴建的建筑还需请城市规划部门验线，合格后方可动工。

（3）场地需平整测量的，应在现场设方格网，监理人员应对承包单位测设的方格网进行联合复测，并在联测资料上签署意见，以此作为计算填土与挖土方量结算的依据。

（4）施工中应要求承包单位对控制桩进行严格的保护，控制桩被移动或破坏时，应及时复测，以确保控制网的准确性。

（5）测量定位记录必须出具平面图，标出轴线相对位置、±0.00 的相对标高（或绝对标高）并应有政府勘察规划部门人员及建设单位代表签字。

（6）测量定位成果审查的重点为：

1）检查承包单位专职测量人员的岗位证书及测量设备检定证书；

2）复核控制桩的校核成果、控制桩的保护措施以及平面控制网、高程控制网和临时水准点的测量成果。

（7）测量定位的同时，监理机构督促承包单位按规定及时设置沉降观测点并要求妥善保护，及时观测并做好记录。

3.8 工程开工/复工审查

1. 目的

工程开工复工申请审查是对承包单位施工准备工作的全面检查，是事前控制的重要环节。

2. 职责

总监理工程师应组织专业监理工程师对承包单位提交的开工申请进行审查，并由总监理工程师签署审查意见。

3. 工作要点

（1）承包单位在开工准备工作就绪后应提前两天向监理提交开工/复工报审表。

（2）监理工程师收到承包单位开工申请后应就以下内容进行审查：

1）施工合同及施工许可证等有关手续、证件是否办理齐全；

2）征地拆建工作能否满足工程进度需要；

3）施工组织设计是否经总监理工程师及建设单位审批；

4）原材料、构配件的供应商是否已经监理工程师检验通过，原材料的三证手续检验报告，混凝土配合比报告是否齐全，材料的储备与供应数量能否保证工程的连续施工；

5）承包单位的质保体系是否建立、人员是否到位，人员的素质能否满足要求，人员的资质及相关证件是否报验；

6）工程坐标的放样资料是否符合要求，是否已报验；

7）对照施工承包合同，建设单位与承包单位双方应履行的准备工作是否落实；

8）施工机械配置计划是否满足施工要求，已进场施工机械设备是否符合投标书及施工组织设计要求；

9）图纸是否已经交底和会审；

10）进场道路及水、电、通信等是否满足开工要求。

（3）对分包单位的资质进行审查，予以确认或否定；对分包商与总包单位的合同进行审定；对建设单位指定分包商在审查后提出书面建议与忠告。

（4）对审查结果由总监理工程师签发书面文件通知承包单位，对不能满足开工要求的应通知承包单位立即完善并在完善后重新提交开工申请；属于建设单位未履行的义务，应提请建设单位及时落实；发生开工延期的应阐明原因；对符合开工条件的应及时下达开工指令；因建设单位要求，上述报验手续不齐确已破土动工的，在开工指令上应有客观的记载。

（5）应对照施工承包合同中工期的约定，督促承建商及时做好开工准备，不得无故拖延开工时间，如延迟开工应及时报告建设单位并应得到建设单位认可。

（6）开工审查应对照并与建设单位协商后，注明工期的起算时间。

施工阶段的监理业务

4.1 材料、设备、构配件质量检验监理

1. 目的

材料、设备、构配件质量是工程质量控制的关键也是现场监理主要工作之一，必须严格按规范、标准、合同及有关规定进行检验。

2. 职责

专业监理工程师、监理员负责进场材料、设备、构配件的审查验收、见证取样及必要的平行检验工作。

3. 工作要点

（1）检验依据：国家规范、标准及行业标准、设计文件、施工合同等。

（2）对工程材料、设备、构配件质量控制应对到场材料的质保资料审查抽样检验等。

（3）结构用材料、设备、构配件订货前，承包单位应提供生产厂家生产许可证、产品合格证，证件不齐的应禁止进场使用并向建设单位报告。必要时应对生产厂家的生产设备、工艺、产品的合格率进行现场调查。

（4）主要装饰材料、门窗、消防器材、水电器材、卫生洁具等材料需经建设单位会同监理审验厂家及样品并经建设单位同意后方可订货，必要时送工程所在地有法定资格的检测单位或技术监督局检测。

（5）凡采用新材料、新型制品定货前应检查技术鉴定文件和生产许可证，对属于新产品推广范围的，应有新产品推广使用证。

（6）进入现场的所有材料均需有出厂证明、产品合格证，材质检验报告随材料同行，进场后承包单位应及时填报工程材料/构配件/设备报审表并交监理审查，监理对进场材料应及时按规定的批量和频率抽样检验，对检验合格的准许进场并同意使用，对未经监理人员验收或验收不合格的工程材料、构配件、设备，监理人员应明确不准进场，对已进场的签发监理工程师通知单，书面通知承包单位限期将不合格材料、构配件、设备撤出现场。

（7）材料抽样实行见证制，监理人员应与承包单位共同取样，一同将抽样样品送达规定检验单位，以保证样品与所用材料的一致性。

（8）材料进场后必须按规定进行储存、堆放、保管，因保管不当或储存时间超过规范规定时间，可能导致材料变质、失效、损坏的应重新抽样试验，合格的方可使用，不合格的禁止使用。

（9）现场配制材料应出具有资质试验室提供的配比通知单。

（10）混凝土、砂浆试块制作必须旁站、随机抽样；各种试件的取样检测必须实行见证制；检测单位必须是具有相应资质的第三方。

（11）按照委托监理合同约定或有关工程质量管理文件规定必须采用平行检验的，应按规定比例（一般不小于 30％）进行平行检验。

4.2　隐蔽工程、分部（子分部）、分项、检验批工程质量验收

1. 目的

隐蔽工程、分部（子分部）、分项、检验批工程质量控制和验收是监理人员质量事中控制的核心工作之一，必须严格按相关规范、标准、合同要求执行。

2. 职责

专业监理工程师负责本专业分项、检验批工程质量控制和验收、隐蔽工程验收工作，总监理工程师负责分部（子分部）、工程质量控制和验收、审核签认分部工程的质量检验评定资料。

3. 程序及内容

（1）验收依据：设计文件、施工质量验收规范、标准。

（2）总监理工程师应安排监理人员对施工过程进行巡视和检查。对隐蔽工程的隐蔽过程、下道工序施工完成后难以检查的重点部位，专业监理工程师应安排监理员进行旁站。

（3）隐蔽工程完成后，承包单位应自检，认为符合合同要求后，通过质量报验申请表提出报验申请。

（4）监理工程师接到报验申请后应及时审查承包单位的自检记录，并按规定的频率进行现场随机抽样检验，重要部位应全部检验。

（5）检查中发现问题，应在报验申请中注明不合格内容，并要求承包单位整改后再行报验。对法律、法规及合同中有规定必须有建设单位、设计、质监部门共同检验，必须会同有关人员共同检验。

（6）对未经监理人员验收的工序，监理人员应拒绝签认，并要求承包单位严禁进行下道工序的施工。

（7）隐蔽工程经检查合格，专业监理工程师在报验单上签字认可，承包单位取得认可的报验单后，方可隐蔽覆盖。

（8）检验批、分项、分部（子分部）工程验收程序同上，法律、法规、合同中规定的主要分项/部工程验收，还应有建设单位、设计单位参加。

（9）监理工程师在接到承包单位质量报验单后，必须在规定时间内进行检验并及时签署意见。

（10）总监理工程师应组织监理人员对承包单位报送的分部工程及质量验评资料进行审核和现场核查，并按规定通知建设单位、设计单位以及相关部门共同验收，符合要求后予以签认。

4.3　监理工程师备忘录签发

（1）监理工程师备忘录是监理单位就有关意见未被建设单位采纳并可能给工程带来一定不良后果或有关指令未被承包单位执行的最终书面说明。

（2）指令签发是各专业监理人员在旁站、巡视或验收中发现问题，经指令承包单位仍不能

及时、有效改正的，或发现由于非施工承包方因素可能给工程造成不良后果并向建设单位建议而未被采纳的，应及时向项目总监理工程师汇报并拟稿，交总监理工程师审核后签发，送交有关单位及人员。

（3）备忘录是监理工作中的一种手段和强制措施，也是监理工程师利用法律来免责的一种途径，应及时合理地使用备忘录。

（4）备忘录应由总监签发，必要时经单位主管领导审查同意后签发。

4.4 质量缺陷／事故处理

1. 目的

现场监理工作应坚持"质量第一，预防为主"的原则，加强事前控制，尽量避免质量事故的发生。

2. 职责

质量缺陷由专业监理工程师处理，重大质量隐患、质量事故由总监理工程师主持处理。

3. 工作要点

（1）当工程发生质量缺陷后，专业监理工程师首先应及时下达"监理工程师通知单"，承包单位限期整改，并检查整改结果。

（2）监理人员发现施工存在重大质量隐患，可能造成质量事故或已经造成质量事故时，应通过总监理工程师及时下达工程暂停令，要求承包单位停工整改。整改完毕并经监理人员复（检）查，符合规定要求后，总监理工程师应及时签署工程复工报审表。总监理工程师下达工程暂停令和签署工程复工报审表，宜事先向建设单位报告。

（3）发生质量事故后，在总监理工程师的组织参与下，收集设计、招标、施工、合同等所有相关资料，尽快进行事故调查，并责令承包单位报送质量及处理方案、调查报告，视事故大小在规定时间内呈报有关部门，报告内容应全面、准确、客观。

（4）对质量事故可能导致结构安全性能降低、影响使用功能，需返工处理或加固补强的应会同设计、建设单位协商，审查确认处理方案。

（5）方案确定后，监理人员应严格监督承包单位实施。

（6）质量事故处理完毕后，总监理工程师应组织有关单位和人员对处理结果进行严格的检查、鉴定和验收，写出"质量事故处理报告"，提交建设单位、本公司及有关部门，并将完整的质量事故处理记录整理归档。

4.5 进度控制

1. 目的

进度控制是监理三大控制之一，监理机构应认真完成监理委托合同中规定的相关的监理职责。

2. 职责

专业监理工程师审查进度计划，并对实施情况进行检查分析，总监理工程师审核进度计划并对影响工程进度的各种因素进行协商处理。

3. 工作要点

（1）监理机构应根据监理合同、施工承包合同、协议、批准的施工组织设计、进度计划及其他相关文件等对工程进度进行控制。

（2）项目监理机构应按下列程序进行工程进度控制：

1）总监理工程师审批承包单位报送的施工总进度计划；

2）总监理工程师审批承包单位编制的年、季、月度施工进度计划；

3）专业监理工程师对进度计划实施情况检查、分析；

4）当实际进度符合计划进度时，应要求承包单位编制下一期进度计划；当实际进度滞后于计划进度时，专业监理工程师应书面通知承包单位采取纠偏措施并监督实施。

（3）施工进度计划审查的主要内容为：

1）总工期应符合合同工期；

2）各施工阶段或单位工程的分项/部工程的时间安排符合总进度计划要求；

3）计划中各分项的施工顺序是否符合工艺要求，有无逻辑关系错误；

4）人员、材料、设备等的进场计划、配备是否满足进度要求；

5）对各种自然、人为的不利因素的考虑是否充分；

6）经审查批准的进度计划即作为进度控制目标。

（4）专业监理工程师应依据施工合同有关条款、施工图及经过批准的施工组织设计制定进度控制方案，对进度目标进行风险分析，制定防范性对策，经总监理工程师审定后报送建设单位。

（5）应及时提请并协助建设单位做好施工承包合同中规定的建设单位的各项责任和义务，如及时提供施工图纸、提供施工场地及三通一平，提供材料、设备的及时供应等。避免工程延期及索赔的发生。

（6）监理机构应努力做好监理工作，不得因监理工作失误造成工程延期的事件发生。

（7）专业监理工程师应检查进度计划的实施，并记录实际进度及其相关情况，当发现实际进度滞后于计划进度时，应签发监理工程师通知单指令承包单位采取调整措施。当实际进度严重滞后于计划进度时应及时报总监理工程师，由总监理工程师与建设单位商定采取进一步措施。

（8）监理机构应充分利用工地例会、监理联系单等手段及时向建设单位报告工程进展中存在的问题以及外部干扰因素，协助建设单位处理外部影响因素，力求减少工程延期、延误。

（9）总监理工程师应在监理月报中向建设单位报告对工程进度所采取进度控制措施的执行情况，并提出合理预防由建设单位原因导致的工程延期及其相关费用索赔的建议。

（10）工程的暂停及复工按工程暂停及复工控制的相关要求处理。

（11）当工程发生延期和延误时，应按工程延期及延误处理的相关要求处理。

4.6 工程造价控制

1. 目的

工程计量、工程款支付、竣工结算签审及工程风险的防范是监理投资控制工作的主要内容，也是利用经济措施保证项目顺利进行，贯彻落实监理意图的重要手段。

2. 职责

（1）专业监理工程师负责造价控制的风险分析，审查工程计量、工程款支付申请及竣工结算，总监理工程师协调处理变更、索赔，审核计量、支付及竣工结算文件。

（2）项目监理机构应依据合同有关条款、施工图，对工程项目造价控制目标进行风险分析，并应制定防范性对策，减少索赔发生。

（3）所计量工程必须符合下列条件：

1）必须是合同及图纸规定的项目。

2）所计量的工程质量必须是合格工程并符合合同规定的质量要求。

3）变更工程必须有经建设单位代表、设计单位代表及总监共同签发同意的工程变更单，计量支付按工程变更控制相关规定执行。

4）必须按图纸进行计量，对承包单位超出图纸要求增加的工程量和因自身原因造成的返工的工程量不予计量。

（4）项目监理机构应按下列程序进行工程计量和工程款支付工作：

1）承包单位统计经专业监理工程师质量验收合格的工程量，按施工合同的约定填报工程量清单和工程款支付申请表；

2）专业监理工程师进行现场计量，按施工合同的约定审核工程量清单和工程款支付申请表，并报总监理工程师审定；

3）总监理工程师签署工程款支付证书，并报建设单位。

（5）预付款、备料款、甲供材料款、保修金等必须按合同约定抵扣。

（6）施工期累计支付额不得超出合同规定限额。

（7）投资控制监理工程师必须在合同规定时间内对乙方申报的工程款申请单进行审核。

（8）工程款审核有较大出入的应要求承包单位重新申报，审核后的付款申请应及时报给建设单位。

（9）项目监理机构应按施工合同约定的工程量计算规则和支付条款进行工程量计量和工程款支付。

（10）专业监理工程师应及时建立月完成工程量和工作量统计表，对实际完成量与计划完成量进行比较、分析，制定调整措施，并应在监理月报中向建设单位报告。

（11）专业监理工程师应及时收集、整理有关的施工和监理资料，为处理费用索赔提供证据，按索赔处理规定处理。

（12）项目监理机构应按下列程序进行竣工结算：

1）承包单位按施工合同规定填报竣工结算报表；

2）专业监理工程师审核承包单位报送的竣工结算报表；

3）总监理工程师审定竣工结算报表，与建设单位、承包单位协商一致后，签发竣工结算文件和最终的工程款支付证书报建设单位。

（13）项目监理机构应及时按施工合同的有关规定进行竣工结算，并应对竣工结算的价款总额与建设单位和承包单位进行协商。当无法协商一致时，应按合同争议的调解规定处理。

（14）根据国家法律、法规规定，工程款支付申请必须经总监理工程师签认后方为有效。

工程竣工验收阶段的监理业务

5.1 工程竣工验收

1. 目的

工程竣工验收是全面检验工程建设各过程的工作质量、工程质量的重要环节，是工程质量事后控制的重要内容，应全面、客观地反映工程情况，并给予公正的评价。

2. 职责

（1）总监理工程师组织专业监理工程师、监理员对工程各分部的质量情况、资料进行全面检查，进行初验，督促整改，提交各分部工程质量评估报告。

（2）总监理工程师组织工程预验收，编写质量评估报告、监理工作总结，并参加工程验收。

3. 工作要点

（1）监理机构应依据国家法律、法规、规范、标准、设计文件及施工合同对工程进行验收。

（2）工程完工后，由承包单位向监理机构提出工程竣工报验单，并附有技术资料、质量签证文件。

（3）监理单位收到上述资料后，依据有关法律、法规、工程建设强制性标准、设计文件及施工合同，项目总监理工程师负责组织对工程进行全面检查，包括资料审查、现场质量抽查等。

（4）对初验中发现的问题，提出整改意见，限定整改时间和复验日期。整改完毕进行复验。

（5）初验合格后，由总监理工程师组织设计、监理、建设、承包单位进行全面检查预验收。

（6）对预验收存在的问题，及时要求承包单位整改，并重新复验。

（7）预验收合格后，监理机构提出工程质量评估报告。工程质量评估报告应经总监理工程师和公司技术负责人审核签字，由总监理工程师签署工程竣工报验单。总监理工程师应向建设单位递交预验收报告，再由建设单位邀请质监、设计、监理、消防、供电、邮电、劳动、环保等相关单位参加工程正式验收。

（8）工程验收会议的主要工作内容：

1）承包单位汇报工程实施过程及质量自评意见。

2）参加会议人员进行现场检查，提出各项意见或质疑。

3）监理单位汇报工程控制与管理情况，提出分部质量评定意见，工程交接使用的要求与建议。

4）验收机构综合各方面情况及意见，对工程质量等级进行核定。

5）若验收会议上公认工程尚未具备验收条件，可以提出书面意见，要求承包单位限期整改。

（9）经验收工程质量符合要求，由总监理工程师会同参加验收的各方签署竣工验收报告。

（10）工程验收后应在规定时间内向相关部门备案。

5.2 监理工作总结

1. 目的

监理工作总结应全面反映现场监理工作成效及履约情况，是重要的监理资料。

2. 职责

监理工作总结由总监理工程师负责编写。

3. 工作要点

（1）每一监理项目竣工时应提交工程监理总结和监理工作总结及重点工程、大型项目、特殊工程阶段性小结。

（2）向建设单位提交的工程监理总结应包括以下内容：

1）监理合同委托的有关事项：①工程监理概况及服务；②工程施工概况；③分部分项工程质量评定；④工程投资控制情况；⑤工程进度控制情况；⑥安全管理情况。

2）工程在回访保修期间工程在使用中对建设单位提供的建议或忠告。

3）对建设单位提供监理活动使用办公用品等设施的移交清单，表明监理工作终结。

4）监理酬金收取结算说明。

（3）向公司提交的监理工作总结内容：

1）监理工作中各分部（项）工程的开展情况；

2）监理工作成效，按"三控制、二管理、一协调"展开陈述；

3）重大问题的讨论、研究及解决结果；

4）监理工作的经验及教训（监理规划、监理实施细则的效果）；

5）项目酬金、收支、分配核算情况小结；

6）对照"行为规范"的自我鉴定。

（4）工程监理总结和监理工作总结文字要简洁、明快、扼要、说明问题，经验应详细叙述，教训要深刻剖析。

（5）工程监理总结应附有建设单位的评价或鉴定。

（6）工程监理总结应在工程竣工验收合格后 15 日内完成，经项目全体监理人员讨论，并由项目总监理工程师签章，送总经理核准后交建设单位及归档保存。

（7）监理工作总结应在工程竣工验收合格后 15 日内完成，经项目全体监理人员讨论，并由项目总监理工程师签章，送总经理核准后归档保存。

5.3 监理工程回访保修

1. 目的

回访保修是弥补质量缺陷对质量事后控制的重要环节，也是与建设单位沟通、收集各方对工程质量及监理工作意见反馈的重要途径。

2. 职责

公司经理室组织项目总监理工程师等有关人员进行回访，保修工作由总监理工程师组织原项目监理机构人员完成。

3. 工作要点

（1）监理机构应依据委托监理合同约定的工程质量保修期监理工作的时间、范围和内容开展工作。

（2）在工程保修责任期内一般每半年回访一次，对建设单位提出的质量缺陷总监理工程师应及时赶赴现场调查了解情况，对质量缺陷进行检查和记录，并与施工单位及时取得联系，落实保修责任，研究修理方案，对修复的工程质量进行验收，合格后予以签认。

（3）保修施工期间，项目监理机构应遵循监理程序继续履行监理职责。

（4）监理人员应对工程质量缺陷原因进行调查分析并确定责任归属，对非承包单位原因造成的工程质量缺陷，监理人员应核实修复工程的费用和签署工程款支付证书，并报建设单位。

（5）项目总监理工程师在工程监理总结中需写明与工程建设相关单位的全称、住址、电话号码、联系人姓名、工程施工或安装的责任范围、注意事项等。

（6）保修期结束后应将保修期情况书面报告建设单位。

监理组织、沟通与协调

6.1　工程暂停及复工

1. 目的

为了有效控制工程质量、进度、投资，总监理工程师应根据工程情况及建设单位、施工方案的要求，合理处理工程暂停及复工。

2. 职责

专业监理工程师、监理员应及时掌握工程进展情况，对工程中出现的异常情况及重大质量、安全隐患应及时报告总监理工程师。工程暂停令由总监理工程师签发，紧急情况下，总监理工程师可授权专业监理工程师下达，复工令由总监理工程师签发。

3. 工作要点

（1）总监理工程师在签发工程暂停令时，应根据暂停工程的影响范围和影响程度，按照施工合同和委托监理合同的约定签发。

（2）由于施工方因素需暂停施工时，工程暂停令签发前总监理工程师应与建设单位取得一致意见，如情况紧急无法与建设单位联系，应在暂停令签发后及时报告建设单位。

（3）在发生下列情况之一时，总监理工程师可签发工程暂停令：

1）建设单位要求暂停施工，且工程需要暂停施工；

2）为了保证工程质量而需要进行停工处理；

3）施工出现了安全隐患，总监理工程师认为有必要停工以消除隐患；

4）发生了必须暂时停止施工的紧急事件；

5）承包单位未经许可擅自施工，或拒绝项目监理机构管理。

（4）总监理工程师在签发工程暂停令时，应根据停工原因的影响范围和影响程度，确定工程项目停工范围。

（5）由于非承包单位原因需停工时，总监理工程师在签发工程暂停令之前，应就有关工期和费用等事宜与承包单位进行协商。

（6）由于建设单位原因，或其他非承包单位原因导致工程暂停时，项目监理机构应如实记录所发生的实际情况。总监理工程师应在施工暂停原因消失、具备复工条件时，及时签署工程复工报审表，指令承包单位继续施工。

（7）由于承包单位原因导致工程暂停，在具备恢复施工条件时，项目监理机构应审查承包单位报送的复工申请及有关材料，同意后由总监理工程师签署工程复工报审表，指令承包单位继续施工。

（8）总监理工程师在签发工程暂停令到签发工程复工报审表之间的时间内，应会同有关各方按照施工合同的约定，处理因工程暂停引起的与工期、费用等有关的问题。

（9）非施工方原因的停工，总监理工程师应根据工程情况及时提醒建设单位提供复工条件，条件具备时及时下达复工令，以减少工程损失。

6.2　工程变更

1. 目的

为了有效控制质量、进度、投资，应对工程变更严格加以控制，只有在原设计存在缺陷、建设单位优化使用功能及有利于工程提高质量、加快进度、节约投资的情况下，通过规定程序方可变更。

2. 职责

专业监理工程师完成工程变更对工程质量、费用和工期的影响评估，提出评估意见，由总监理工程师签发工程变更单。

3. 工程变更的管理

（1）所有变更均应有设计单位的变更通知或由建设、设计、监理单位共同签署的工程变更单。

（2）项目监理机构应按下列程序处理工程变更：

1）设计单位对原设计存在的缺陷提出的工程变更，应编制设计变更文件；建设单位或承包单位提出的工程变更，应提交总监理工程师，由总监理工程师组织专业监理工程师审查。审查同意后，应由建设单位转交原设计单位编制设计变更文件。当工程变更涉及安全、环保等内容时，应按规定经有关部门审定。

2）项目监理机构应了解实际情况和收集与工程变更有关的资料。

3）总监理工程师必须根据实际情况、设计变更文件和其他有关资料，按照施工合同的有关条款，在指定专业监理工程师完成下列工作后，对工程变更的费用和工期作出评估：

① 确定工程变更项目与原工程项目之间的类似程度和难易程度；

② 确定工程变更项目的工程增减量；

③ 确定工程变更的单价和总价。

4）总监理工程师应就工程变更费用及工期的评估情况与承包单位和建设单位进行协商。

5）总监理工程师签发工程变更单。

工程变更单应包括工程变更要求、工程变更说明、工程变更费用和工期、必要的附件等内容，有设计变更文件的工程变更应附设计变更文件。

6）项目监理机构应根据工程变更单监督承包单位实施。

（3）项目监理机构处理工程变更应符合下列要求：

1）项目监理机构在工程变更的质量、费用和工期方面取得建设单位授权后，应按施工合同规定与承包单位进行协商，经协商达成一致后，总监理工程师应将协商结果向建设单位通报，并由建设单位与承包单位在变更文件上签字。

2）在项目监理机构未能就工程变更的质量、费用和工期方面取得建设单位授权时，总监理工程师应协助建设单位和承包单位进行协商，并达成一致。

3）在建设单位和承包单位未能就工程变更的费用等方面达成协议时，项目监理机构应提出一个暂定的价格，作为临时支付工程进度款的依据。该工程款最终结算时，应以建设单位和承包单位达成的协议为依据，如变更价款无法达成一致时，按合同争议的相关调解规定处理。

（4）在总监理工程师签发工程变更单之前，承包单位不得实施工程变更。

（5）工程变更确定后由专业监理工程师将变更情况在施工图纸中注明。

（6）未经总监理工程师审查同意而实施的工程变更，项目监理机构不得予以计量，并应追究相关责任。

6.3 工程索赔处理

1. 目的

工程索赔是合同管理的主要工作，是反映承包合同履约情况有效控制投资、进度以及监理工作的成效的重要体现。监理机构应本着公正、科学、求实的原则处理索赔。

2. 职责

专业监理工程师、监理员负责收集整理与索赔有关的信息资料，并在监理日记中全面真实地记录。总监理工程师负责协调、处理索赔，审批费用索赔和工程延期。

3. 程序及工作要点

（1）现场监理工程师应进行合同分析，做好事前控制，尽量减少索赔的产生，防患于未然。认真做好监理工作，不得造成由于监理工作失误引起的索赔事件。

（2）项目监理机构处理费用索赔应依据下列内容：

1）国家有关的法律、法规和工程项目所在地的地方法规；

2）本工程的施工合同文件；

3）国家、部门和地方有关的标准、规范和定额；

4）施工合同履行过程中与索赔事件有关的凭证。

（3）当承包单位提出费用索赔的理由同时满足以下条件时，项目监理机构应予以受理：

1）索赔事件造成了承包单位直接经济损失；

2）索赔事件并非承包单位的责任发生；

3）承包单位已按照施工合同规定的期限和程序提出费用索赔申请表，并附有索赔凭证材料。

（4）承包单位向建设单位提出费用索赔，项目监理机构应按下列程序处理：

1）承包单位在施工合同规定的期限内向项目监理机构提交对建设单位的费用索赔意向通知书；

2）总监理工程师指定专业监理工程师收集与索赔有关的材料；

3）承包单位在承包合同规定的期限内向项目监理机构提交对建设单位的费用索赔申请表；

4）总监理工程师初步审查费用索赔申请表，符合（3）条所规定的条件时予以受理；

5）总监理工程师进行费用索赔审查，并在初步确定一个额度后，与承包单位和建设单位进行协商；

6）总监理工程师应在施工合同规定的期限内签署费用索赔审批表，或在施工合同规定的期限内发出要求承包单位提交有关索赔报告的进一步详细资料的通知，待收到承包单位提交的详细资料后，按本条的第 4)、5)、6) 款的程序进行。

（5）当承包单位的费用索赔要求与工程延期要求相关联时，总监理工程师在作出费用索赔的批准决定时，应与工程延期的批准联系起来，综合作出费用索赔和工程延期的决定。

（6）由于承包单位的原因造成建设单位的额外损失，建设单位向承包单位提出费用索赔时，总监理工程师在审查索赔报告后，应公正地与建设单位和承包单位进行协商，并及时作出答复。

（7）监理机构应及时收集索赔有关资料，以合同为依据认真审核索赔报告，本着公正、科学、求实的原则及时进行评估，经与建设单位、承包单位协商同意后确认索赔金额，由总监理工程师签发工程延期审批表及费用索赔审批表，如经协商无法达成一致意见，应通过仲裁等途径解决。

（8）费用索赔批准后，承包单位应按正常支付程序办理费用索赔的支付手续。

6.4 工程延期及延误处理

1. 目的

工程延期及工程延误的处理是合同管理及进度控制的一项重要工作，监理机构应加强事前控制工作，尽量避免、减少延期、延误的发生。

2. 职责

专业监理工程师、监理员做好延期与延误的预控、资料收集、调查取证工作，总监理工程师负责协调处理并签署工程延期、延误相关文件。

3. 工作要点

（1）监理机构应加强事前控制，采取必要措施力求避免延期、延误的发生。

（2）监理机构应加强自身管理，不得因监理工作失误造成延期、延误的发生。

（3）当承包单位提出工程延期要求符合施工合同文件的规定条件时，项目监理机构应予以受理。

（4）当影响工期事件具有持续性时，项目监理机构可在收到承包单位提交的阶段性工程延期申请表并经过审查后，先由总监理工程师签署工程临时延期审批表并通报建设单位。当承包单位提交最终的工程延期申请表后，项目监理机构应复查工程延期及临时延期情况，并由总监理工程师签署工程最终延期审批表。

（5）项目监理机构在作出临时工程延期批准或最终的工程延期批准前，均应与建设单位和承包单位进行协商。

（6）项目监理机构在审查工程延期时，应依下列情况确定批准工程延期的时间：

1）施工合同中有关工程延期的约定；

2）工期拖延和影响工期事件的事实和程度；

3）影响工期事件对工期影响的量化程度。

（7）工程延期造成承包单位提出费用索赔时，项目监理机构应按索赔处理的规定处理。

（8）当承包单位未能按照施工合同要求的工期竣工交付造成工期延误时，项目监理机构应按施工合同规定从承包单位应得款项中扣除误期损害赔偿费。

6.5 合同争议的调解

1. 目的

合同争议的调解是监理机构作为独立、公正的第三方行使监理职责的一项重要工作，对合同争议应充分协商解决。

2. 职责

专业监理工程师负责争议情况的调查、取证工作，总监理工程师负责争议的调解、审查。

3. 工作要点

（1）监理机构应以国家相关法律、法规、合同为依据，本着实事求是、充分协商的原则，公正地调解争议。

（2）宜通过例会、专题会议方式解决争议。

（3）项目监理机构接到合同争议的调解要求后按以下程序进行调解：

1）及时了解合同争议的全部情况，包括进行调查和取证；

2）及时与合同争议的双方进行磋商；

3）在项目监理机构提出调解方案后，由总监理工程师进行争议调解；

4）当调解未能达成一致时，总监理工程师应在施工合同规定的期限内提出处理该合同争议的意见；

5）在争议调解过程中，除已达到了施工合同规定的暂停履行合同的条件之外，项目监理机构应要求施工合同的双方继续履行施工合同。

（4）在总监理工程师签发合同争议处理意见后，建设单位或承包单位在施工合同规定的期限内未对合同争议处理决定提出异议，在符合施工合同的前提下，此意见应成为最后的决定，双方必须执行。

（5）争议经调解无法达成一致意见时，应通过仲裁或诉讼解决。

（6）在合同争议的仲裁或诉讼过程中，项目监理机构接到仲裁机关或法院要求提供有关证据的通知后，应公正地向仲裁机关或法院提供与争议有关的证据，证据应事先经总经理确认。

6.6 合同的解除

1. 目的

合同的解除是指：在特殊情况下因施工承包方违约、建设单位违约或不可抗力造成工程无法继续实施而解除合同的情况。监理机构应公平、公正、实事求是地处理合同的解除工作。

2. 职责

总监理工程师全面负责合同解除的审核、协调工作，签署相关文件。各专业监理工程师、监理员做好各自专业的已完工程质量检验、签证并收集整理相关资料，投资控制人员负责费用的清理，结算的审核。

3. 工作要点

（1）应以合同及国家相关法律、法规为依据，本着实事求是、充分协商的原则，公平、公正地处理合同的解除。

（2）施工合同的解除必须符合法律程序。

（3）当建设单位违约导致施工合同最终解除时，项目监理机构应就承包单位按施工合同规定应得到的款项与建设单位和承包单位进行协商，并应按施工合同的规定从下列应得的款项中确定承包单位应得到的全部款项，并书面通知建设单位和承包单位：

1）承包单位已完成的工程量表中所列的各项工作所应得的款项；

2）按批准的采购计划订购工程材料、设备、构配件的款项；

3）承包单位撤离施工现场至原基地或其他目的地的合理费用；

4）承包单位所有人员的合理遣返费用；

5）合理的利润补偿；

6）施工合同规定的建设单位应支付的违约金。

（4）由于承包单位违约导致施工合同终止后，项目监理机构应按下列程序清理承包单位的应得款项，或偿还建设单位的相关款项，并书面通知建设单位和承包单位：

1）施工合同终止时，清理承包单位已按施工合同规定实际完成的工作所应得的款项和已经得到支付的款项；

2）施工现场余留的材料、设备及临时工程的价值；

3）对已完工程进行检查和验收、移交工程资料，该部分工程的清理、质量缺陷修复等所需的费用；

4）施工合同规定的承包单位应支付的违约金；

5）总监理工程师按照施工合同的规定，在与建设单位和承包单位协商后，书面提交承包单位应得款项或偿还建设单位款项的证明。

（5）由于不可抗力或非建设单位、承包单位原因导致施工合同终止时，项目监理机构应按施工合同规定处理合同解除后的有关事宜。

（6）经充分协商合同解除双方能达成一致的三方共同签署解除协议，无法达成一致的可通过仲裁或诉讼等途径解决。

（7）项目监理机构接到仲裁机关或法院要求提供有关证据的通知后，应公正地向仲裁机关或法院提供与争议有关的证据，所提证据应经监理公司总经理确认。

信息及监理资料管理

7.1 监理资料管理

1. 目的

信息管理是监理管理工作之一，监理资料、工程档案管理工作是监理标准化的重要体现。

2. 职责

由项目总监理工程师全面负责信息管理工作，专业监理工程师、监理员负责本专业监理资料的收集、汇总及整理工作或由总监理工程师指定专人对监理资料进行管理。

3. 工作要点

（1）监理人员应当注意收集工程各方信息，及时报总监理工程师并提出处理意见。

（2）对影响工程质量、进度、投资、安全等方面的信息，总监理工程师应及时召集有关人员认真讨论制定方案并明确处理责任人和处理程序。

（3）施工阶段的监理资料应包括下列内容：

1）施工合同文件及委托监理合同；

2）勘察设计文件；

3）监理工作规划、实施细则及交底；

4）监理专用表：A 类表及其附件、B 类表及其附件、C 类表及其附件；

5）工程质量监理检查验收记录：

监理旁站记录及桩基工程监理记录（放在相应部位质量验收记录后面）；

监理现场巡视记录（放在相应资料内）；

监理平行检验记录［放在相应的隐蔽工程检验批、分项工程、分部（子分部）工程质量验收记录、工程测量定位放线验收记录等的后面］；

6）工程质量缺陷及工程质量事故处理文件。

（4）对外行文应由总监理工程师签发，专业监理工程师在总监理工程师授权范围内签发指令，文件发送必须登记签收，签收应注明具体内容、日期，严格按规定及时填写监理表式及各种检测资料，内容完整，手续齐全。

（5）各种资料如监理日记、指令单、验收记录等记录情况应一致，反映的问题应有跟踪处理、复查结果应闭合运行。

（6）工程信息交流使用文字图片等载体，必须有记录、登记，签证回复及时。

（7）监理月报在月末发送，例会纪要在次日发送。资料内容及要求按相关规定执行。

（8）监理资料必须及时整理，资料移交建设单位前应经总工程师审查，并及时报档案室整理归档。

（9）监理档案的编制及保存应按有关规定执行。

（10）所用表式必须符合规范规定或本省监理示范用表的规定。

（11）建立健全监理资料台账，台账中应注明资料编号、内容、问题及处理责任人、处理结果等。

7.2 监理月报

1. 目的

监理月报是定期反映工程进展，把握工程脉搏，加强与建设单位沟通，体现监理成效及监理工作标准化的重要形式。

2. 职责

监理月报由专业监理工程师编写，总监理工程师审查并签发。

3. 程序及内容

（1）项目总监理工程师每月召集现场专业监理人员对本月工作讨论汇总后，编制监理月报并及时报公司、建设单位及其他有关部门，是对现场监理工作考核的重要内容。

（2）施工阶段的监理月报应包括以下内容：

1）本月工程概况；

2）本月工程形象进度；

3）工程进度：①本月实际完成情况与计划进度比较；②对进度完成情况及采取措施效果的分析；

4）工程质量：①本月工程质量情况分析；②本月采取的工程质量措施及效果；

5）工程计量与工程款支付：①工程量审核情况；②工程款审批情况及月支付情况；③工程款支付情况分析；④本月采取的措施及效果；

6）合同其他事项的处理情况：①工程变更；②工程延期；③费用索赔；

7）本月监理工作小结：①对本月进度、质量、工程款支付等方面情况的综合评价；②本月监理工作情况；③有关工程的意见和建议；④下月监理工作的重点。

（3）监理月报记录上月 26 日至本月 25 日的工程情况，应内容详实、数据准确，真实反映工程实际情况。

（4）监理机构应利用监理月报这种沟通手段，将工程中存在的问题报告建设单位，并将风险分析、合理化建议及建设单位应履行的责任义务及时与建设单位沟通，以取得良好的监理成效。

（5）监理月报于每月末发送，并应有总监理工程师签章，工程竣工后归档保存。

7.3 监理人员调动的资料交接管理

1. 目的

为了保证监理工作的连续性，明确交接人员的责任，完善交接工作。

2. 职责

交接人员负责交接工作，总监理工程师监督移交。

3. 工作要点

（1）监理人员在接到调动通知后，必须严格履行监理资料的交接手续。

（2）调动的监理人员必须向接替工作的监理人员交清所应移交的监理资料。

（3）移交的监理资料需列清单一式三份，交接双方各执一份，交单位留存一份。

（4）交接双方必须在清单上签字。调动人凭交接清单办理调动手续。

（5）属调动人所缺的监理资料，必须在交接期间弥补齐全，资料不齐全的不得移交，接收人不得在交接清单上签字，若发生资料不齐全而办理交接手续，由接收人承担一切责任。

（6）专业监理工程师、监理员交接由总监理工程师监交，总监理工程师交接由公司经理室监交。

7.4　监理日志

1. 目的

监理日志是对工程进度情况、监理工作情况、外界影响因素的全面真实记录，是监理资料的重要组成部分。

2. 职责

由监理员或专业监理工程师填写，总监理工程师审签。

3. 工作要点

（1）项目监理日志按岗位职责分工不同，由监理员或专业监理工程师根据当天的工程施工及监理工作情况逐日记录在项目监理日志上，并进行签证。监理日志主要内容包括：

1）施工情况：当天施工内容、设计变更、主要材料（包括质量检验）、机械、劳动力进场等情况，工程质量和工程进度等方面存在问题及处理结果。

2）监理工作情况：工地例会、签发的指令性文件、现场检查、发现、处理问题的情况等，以及监理机构内部学习、检查考核等情况。

3）其他：包括安全、外部影响因素及合理化建议等。

（2）监理日志中记录的内容应与其他监理资料相一致，记录存在的问题应有跟踪检查结果。

7.5　工地例会及专题会议

1. 目的

工地例会是监理协调、督查的有效手段，总监理工程师应充分利用现场例会及时把握工程现状，协调各方关系，解决存在的问题与分歧、统一认识，贯彻建设单位、监理单位意图。

2. 职责

由项目总监理工程师定期主持召开工地例会。

3. 工作要点

（1）会议的参加人员：承包单位项目经理、技术、质量、安全负责人、建设单位代表、项目监理机构全体成员、协作配合单位、分包单位现场代表等。必要时应提请承包单位的主管领导参加。

（2）会议的主要内容：

1）检查上次例会议定事项的落实情况，分析未完事项原因。

2）承包单位的现场情况，由承包单位提供近期现场工作情况及在现场人员的出勤数量和机械设备台数，并经监理单位确认。

3）工程进度方面，完成进度与计划进度相比较，分析原因，协商确定下一阶段工程进度计划与其落实措施。

4）技术方面，列出工程中亟待解决的技术问题，并由承包单位提出解决方案。监理机构对承包单位提出的方案进行审查，必要时邀请设计单位共同会商，由总监理工程师确认最终解决方案。

5）工程质量方面，项目监理机构指出施工中存在的质量问题，提出处理意见，督促承包单位采取改进措施，并对下一步工程质量提出具体要求等。

6）材料方面，就材料质量及使用中的问题进行讨论议定。

7）协调方面，分析各单位配合是否脱节，并落实解决脱节的技术、资金、人员等各项措施。

8）安全方面，通报施工安全情况，议定应采取的措施。

9）文明施工方面，根据标准化管理要求，监理机构对亟待解决的部位提出整改要求。

（3）对重大问题，应及时邀请有关单位召开专题会议，对重大事项进行讨论，沟通，统一认识，制定处理方案。

（4）工地例会是加强沟通、协调处理问题、贯彻意图的重要手段，监理机构应充分利用工地例会开展监理工作，提高监理成效。

（5）纪要由监理机构编写，经各方代表会签后分送承包单位、建设单位等有关单位。

安全、文明施工监理及监理设施管理

8.1 安全、文明施工监理

1. 目的

安全文明监理应坚持"安全第一、预防为主"的原则，依法认真做好安全文明监理工作。

2. 职责

总监理工程师为安全文明施工监理的主要监理责任人，专业监理工程师、监理员负责本专业内的安全管理工作。

3. 工作要点

（1）认真审查承包单位安全文明施工保障体系，并在实施中不断督促检查。

（2）对易发生安全事故的现场、工序、工艺、工种，督促承包单位设立安全控制点，制定详细安全保障措施，杜绝"物"的不安全状态及"人"的不安全行为，并严格执行，定期进行安全检查。

（3）对易于发生安全事故的深基坑开挖、支撑系统、脚手架垂直运输、高空作业防护、施工用电等方案应仔细审查，对作用于已建结构上的各种施工荷载应加以控制，不得超过设计及规范允许的范围。

（4）所有机械操作人员、特殊工种人员均应持证上岗，监理机构应及时检查，杜绝无证上岗现象。

（5）加强监理人员自身安全教育及安全意识，做好自身防护。

（6）发现安全隐患应及时下达整改指令，将安全隐患消灭在萌芽状态，杜绝安全事故发生，如需停工整改的应按工程暂停及复工相应规定处理。

（7）要求承包单位建立、健全文明施工制度，安全生产、文明施工必须有活动、有指令、有记录，对记录、指令单反映的安全隐患应有整改情况及复核结果。

（8）对多家单位同时进场施工时应注意协调各方关系，可制定文明施工及成品保护公约并监督执行。

（9）如发生安全事故，应采取果断措施，降低事故的危害，减少损失，保护事故现场，并根据事故的性质、大小要求承包单位及时向建设单位、上级单位及政府主管部门报告，总监理工程师及时向本监理公司报告，不得隐瞒事故真相。

（10）现场监理人员必须自觉遵守安全生产规定，率先做好安全防护工作，规范自身行为、注重自我形象。

8.2 监理标准化管理

1. 目的

监理标准化管理是体现监理管理水平、业务能力和公司形象的重要工作，是对监理行为、工作形象、监理资料等全方位管理。

2. 职责

监理人员应遵守职业道德和执业纪律，严格遵守法律、法规及规章制度，工作中恪尽职守、树立良好的监理形象和威信。

3. 工作要点

（1）以合同为依据，法律、法规为准绳，公正、科学地开展监理工作。

（2）现场工作管理应标准化，岗位责任、控制图表、监理流程应上墙，内容详实、形式美观大方。

（3）监理人员应挂牌上岗，配带安全帽，仪容整洁，举止文明，监理形象标准化。

（4）现场办公场所整洁、卫生，爱护公物。

（5）监理文档标准化，按相关规定执行。

（6）总监理工程师应组织监理机构全体人员学习国家的法律、法规及新材料、新工艺、新技术，每月不少于二次，学习应有计划、有记录。

（7）考勤认真公开、签证手续齐全，按时报公司办公室。

（8）总监理工程师应遵照现场监理人员月考核积分、考核内容及评分标准，对本监理机构的人员认真考核。

8.3 监理设施管理

1. 目的

为了有效开展监理工作，公司、建设单位应为监理机构配备必要的监理设施，监理机构应妥善使用、管理监理设施。

2. 职责

总监理工程师委托专人对监理设施进行管理。

3. 工作要点

（1）根据监理合同的约定，由建设单位或公司提供满足监理工作需要的办公、交通、通信、生活设施。项目监理机构应妥善保管和使用所提供的设施，并应在完成监理工作后移交建设单位或公司。

（2）项目监理机构应根据工程项目类别、规模、技术复杂程度、工程项目所在地的环境条件，按委托监理合同的约定，配备满足监理工作需要的常规检测设备和工具。

（3）在大中型项目的监理工作中，项目监理机构应实施监理工作的计算机辅助管理。

（4）监理机构应对监理设施建立台账，接收移交应有书面交接手续。

实 训 课 题

实训1. 现场综合验证实践，绘制单位工程和分部工程程序框图并对工作细节进行归纳小结。

实训 2. 通过综合现场验证实践，总结项目监理部施工准备、施工过程、竣工验收三阶段的工作业务分类和内容要点。

实训 3. 通过综合现场验证实践，总结项目监理部质量安全监理细则的与实务模拟质量安全监理细则的共性与差异。

复习思考题

1. 监理企业经营与发展需要具备哪些资源要素？
2. 作为一名职业监理人应该如何规划自己的职业生涯？

主要参考文献

[1] 中国建设监理协会. 建设工程监理概论. 北京：中国建筑工业出版社，2008.

[2] 中国建设监理协会. 建设工程质量控制. 北京：中国建筑工业出版社，2008.

[3] 中国建设监理协会. 建设工程进度控制. 北京：中国建筑工业出版社，2008.

[4] 中国建设监理协会. 建设工程监理法规汇编. 北京：中国建筑工业出版社，2008.

[5] 中国建设监理协会. 建设工程监理合同管理. 北京：中国建筑工业出版社，2008.

[6] 李世蓉，兰定筠. 建设工程施工安全监理. 北京：中国建筑工业出版社，2005.

[7] 臧广州. 监理行业管理规章制度全集. 广州：银声音像出版社，2004.

[8] 中国建设监理协会. 建设工程监理规范. 北京：中国建筑工业出版社，2001.

[9] 王立信. 建设工程监理工作实务应用指南. 北京：中国建筑工业出版社，2005.

[10] 浙江省建设监理协会. 建设监理基础知识与监理员实务. 杭州：浙江大学出版社，2008.

尊敬的读者：

感谢您选购我社图书！建工版图书按图书销售分类在卖场上架，共设22个一级分类及43个二级分类，根据图书销售分类选购建筑类图书会节省您的大量时间。现将建工版图书销售分类及与我社联系方式介绍给您，欢迎随时与我们联系。

★建工版图书销售分类表（详见下表）。

★欢迎登陆中国建筑工业出版社网站www.cabp.com.cn，本网站为您提供建工版图书信息查询，网上留言、购书服务，并邀请您加入网上读者俱乐部。

★中国建筑工业出版社总编室　　电　话：010—58934845
　　　　　　　　　　　　　　　传　真：010—68321361

★中国建筑工业出版社发行部　　电　话：010—58933865
　　　　　　　　　　　　　　　传　真：010—68325420
　　　　　　　　　　　　　　　E-mail：hbw@cabp.com.cn

建工版图书销售分类表

一级分类名称（代码）	二级分类名称（代码）	一级分类名称（代码）	二级分类名称（代码）
建筑学（A）	建筑历史与理论（A10）	园林景观（G）	园林史与园林景观理论（G10）
	建筑设计（A20）		园林景观规划与设计（G20）
	建筑技术（A30）		环境艺术设计（G30）
	建筑表现·建筑制图（A40）		园林景观施工（G40）
	建筑艺术（A50）		园林植物与应用（G50）
建筑设备·建筑材料（F）	暖通空调（F10）	城乡建设·市政工程·环境工程（B）	城镇与乡（村）建设（B10）
	建筑给水排水（F20）		道路桥梁工程（B20）
	建筑电气与建筑智能化技术（F30）		市政给水排水工程（B30）
	建筑节能·建筑防火（F40）		市政供热、供燃气工程（B40）
	建筑材料（F50）		环境工程（B50）
城市规划·城市设计（P）	城市史与城市规划理论（P10）	建筑结构与岩土工程（S）	建筑结构（S10）
	城市规划与城市设计（P20）		岩土工程（S20）
室内设计·装饰装修（D）	室内设计与表现（D10）	建筑施工·设备安装技术（C）	施工技术（C10）
	家具与装饰（D20）		设备安装技术（C20）
	装修材料与施工（D30）		工程质量与安全（C30）
建筑工程经济与管理（M）	施工管理（M10）	房地产开发管理（E）	房地产开发与经营（E10）
	工程管理（M20）		物业管理（E20）
	工程监理（M30）	辞典·连续出版物（Z）	辞典（Z10）
	工程经济与造价（M40）		连续出版物（Z20）
艺术·设计（K）	艺术（K10）	旅游·其他（Q）	旅游（Q10）
	工业设计（K20）		其他（Q20）
	平面设计（K30）	土木建筑计算机应用系列（J）	
执业资格考试用书（R）		法律法规与标准规范单行本（T）	
高校教材（V）		法律法规与标准规范汇编/大全（U）	
高职高专教材（X）		培训教材（Y）	
中职中专教材（W）		电子出版物（H）	

注：建工版图书销售分类已标注于图书封底。